读好书系列

彩色插图版

SHIJIE
ZIRANQIGUAN
世界自然奇观

墨 人◎编

吉林出版集团股份有限公司

图书在版编目（CIP）数据

世界自然奇观／墨人编.—长春：吉林出版集团
股份有限公司，2010.9
（读好书系列）
ISBN 978-7-5463-3617-6

Ⅰ．①世⋯ Ⅱ．①墨⋯ Ⅲ．①自然地理—世界—儿童
读物 Ⅳ．①P941-49

中国版本图书馆 CIP 数据核字（2010）第 162959 号

世界自然奇观
SHIJIE ZIRAN QIGUAN

编　　者	墨人	
出 版 人	吴　强	
责任编辑	尤　蕾	
助理编辑	杨　帆	
开　　本	710mm×1000mm　1/16	
字　　数	80 千字	
印　　张	7	
版　　次	2010 年 9 月第 1 版	
印　　次	2022 年 9 月第 3 次印刷	

出　　版	吉林出版集团股份有限公司
发　　行	吉林音像出版社有限责任公司
地　　址	长春市南关区福祉大路 5788 号
电　　话	0431-81629667
印　　刷	河北炳烁印刷有限公司

ISBN 978-7-5463-3617-6　　　　　　定价：28.00 元

前 言

　　地球是茫茫宇宙中一颗最为平凡而又最为不凡的星球。言其平凡，它只是亿万颗行星之一；言其不凡，它作为目前所知的唯一的生命载体，是人类与所有生命的共同家园。

　　悠悠岁月，沧海桑田。从地球诞生之日起，大自然就以它伟大的创造力，魔幻般地将亿万年前的汪洋大海变成了如今峻峭挺拔的绝壁，将一望无际的平原雕刻为深不见底的峡谷。因此，亿万年后的我们，便有幸看到那匪夷所思的地质奇观，那绝美幽深的奇境险域和那动人心魄的壮美山川。

　　为了重现大自然演绎的这些不老传奇，我们撷选了世界上极具风采的40多处自然精粹，按照地域将其分为六个篇章。从非洲第一高山乞力马扎罗山到北美伟岸的大峡谷，从亚洲的澜沧江到南极的埃里伯斯火山，让我们带你一同穿越时空的界限，沿着那些曲曲折折的山脉河流，行走于七大洲每一处鲜为人知的秘境幽谷。

　　本书将亚洲、欧洲、美洲、非洲、大洋洲、南极洲的绮丽风景尽录其中，把最单纯、最神秘、最惊人的世界各地的极致之美汇聚于此，为广大读者勾勒出一幅幅震撼人心的绝美画卷。本书在注重文字准确性的同时，插入了大量珍贵、生动的图片，真正做到了集知识性与观赏性于一体，把一个个绝世美景展现于读者面前，让您足不出户便能领略到大自然那震撼人心的无穷魅力。

目录

MULU

亚 洲

　　在太平洋西岸,亚欧大陆的东部,有一片地球上最为广袤的土地,这就是被称为"太阳升起的地方"的亚洲。

　　辽阔的地域决定了亚洲地理类型的丰富多样,山地与高原占据了全洲面积的四分之三,亚洲的大山脉有喜马拉雅山脉和喀喇昆仑山脉等。喜马拉雅山脉平均海拔在 6 000 米以上,是世界上海拔最高的山脉。但同时,亚洲又不乏各种平原与盆地,如死海就是世界上最低的洼地。亚洲的岛屿主要集中在东南海面,约有几万个大小不一的岛屿,总面积为 320 万平方千米,其中面积超过 10 万平方千米的大岛有 6 个。亚洲是世界上大江大河汇集最多的大陆,长度在 1 000 千米以上的河流有 58 条之多,其中 4 000 千米以上的有 5 条。作为全球最大的陆地自然综合体,亚洲突出地表现了各种地理要素的多样性与极端性。

　　不仅如此,亚洲由于跨越了从赤道到极地的所有纬度带,所以几乎集合了地球上各种气候类型与自然风光。从景色如画的喀纳斯湖到雄伟壮丽的富士山,由充满热带风情的下龙湾至冰天雪地的梅里雪山,让本篇为您一一展现散落在这片博大而古老土地上的最美风光。

张家界

张家界位于中国湖南省西北部，地处云贵高原隆起区与洞庭湖沉降区之间。20世纪80年代以前，张家界还不为外人所知。自从画家吴冠中先生于1979年底发现这片神奇的土地之后，其渐渐为人们所知。这里奇峰林立，沟壑纵横，山溪秀丽，云雾缭绕，勾勒出一幅奇妙的天然山水画卷。

◆ 张家界每柱石峰自通灵性，雄伟挺拔，具阳刚之美，奇妙无比的武陵砂岩峰林，神态惟妙惟肖，各不相同，亿万年来承受风雨霹雳，愈加显出阳刚挺拔的魅力

沧海桑田

亿万年来，随着地壳的运动，不断有陆地沉入海洋，亦有座座高山无声无息地崛起。张家界地区在几亿年前曾是一片波涛汹涌的汪洋大海，日月升沉，斗转

◆ 张家界境内的天桥遗墩

星移，无数死去的远古海洋生物堆积为土，凝结成岩，终于在最后一次名为"燕山运动"的地壳运动中升出海面，形成拔地而起的群峰，从而有了这个原始生态体系的砂岩峰林峡谷地貌，变幻出今日的奇峰俊石、溪绕云谷、绝壁生烟。天子山出产一种龟纹石，属湖南两大名石之一，它实际上就是生长在大海中的珊瑚化石，真实地记录了张家界沧海变高山的历史。

◆ 整个黄龙洞内石钟乳、石柱、石幔、石花、石瀑,琳琅满目,绚丽多姿,而在所有的钟乳石之中又以"定海神针"最为称奇

砂岩峰林地质地貌

张家界武陵源砂岩峰林地貌代表了地球上一种独特的地貌形态和自然地理特征,发育于泥盆系云台观组和黄家磴组。峰林集中分布区面积86平方千米,是在特定的地质构造部位、特定的新构造运动和外力作用条件下形成的一种举世罕见的独特地貌。张家界有3 000多座拔地而起的石崖,其中高度超过200米的有1 000多座,金鞭岩高达350米,个体形态有方山、台地、峰墙、峰丛、峰林、石门、天生桥,以及峡谷、嶂谷等。张家界以世界上独一无二的砂岩峰林地貌景观为核心,以岩溶地貌景观为衬托,兼有成型地质剖面、特殊化石产地等大量地质遗迹,构成独具特色的砂岩峰林地貌组合景观。

张家界另一富有特色的地貌是岩溶洞穴地貌。地貌形态有漏斗、洼地、溶丘、石芽、石林、穿洞、溶洞、伏流、暗河等。溶洞以黄龙洞为典型,洞内景观引人入胜,有洞穴迷宫、卷曲状钟乳石、鹅管、歪斜钟乳石,以及色彩绚丽、晶莹剔透、形态各异、精妙绝伦的滴水石,如钟乳石、石笋、石柱、石瀑、石幔、石帘、石花等,是世界上已发现的溶洞中石笋最集中、神态最逼真的地方之一。

动植物资源

张家界的奇特地貌使其在第四纪冰川期和间冰期分别成为北方和南方动植物的避难所与栖息地,因而动植物种类繁多。主要珍稀动物有飞虎、翻掌鼠、米猴、背水鸡、白蛇、玻璃蛇等。张家界森林资源非常丰富,世界上五大名科植物,即菊科、兰科、豆科、蔷薇科、禾本科在这里都可找到。就树木种类来说,有93科,157种,比整个欧洲还多一倍,而且很多稀有珍贵树种,如珙桐、鹅掌楸、杜仲、银杏等,为研究生物演化提供了实物例证。

◆ 张家界地处亚热带,阳光充足,气候温和,植被丰茂,风光奇秀旖旎

◆ 彩池如梯田般层层而上,共有250多个大小不等的由乳白色或淡黄色池壁围成的彩池,盈盈的池水在阳光下碧波荡漾

黄龙

在终年积雪的中国岷山主峰雪宝顶下,海拔3145~3578米,一条长3.6千米的金色钙华体滚滚而下,宛如一条金色巨龙从莽莽原始森林中奔腾而出,"黄龙"之名由此而来。钙华体上,层层彩池莹红漾绿,道道梯瀑融翠流金,条条钙滩异彩纷呈,构成了绚丽的奇幻景观,有"人间瑶池"之誉,是世界上最壮观的钙华奇观。

◆ 彩池中的水大都深不盈寸,但色彩却非常丰富,水及堤的色彩变化无穷

黄龙风景区

黄龙风景区位于四川省西北部的阿坝藏族羌族自治州松潘县境内,岷山主峰雪宝顶东北侧。景区面积1 340平方千米,核心景区面积700余平方千米,最低海拔1 700米,最高海拔5 588米,由黄龙沟、丹云峡、牟尼沟、雪宝顶、雪山梁、红星岩、西沟等景区组成。黄龙以彩池、滩流、雪山、峡谷、森林、瀑布"六绝"著称于世,是集大型露天岩溶钙华景观、自然风光、民族风情于一体的综合型风景名胜区。主景区黄龙沟的巨型钙华岩溶景观是当今世界规模最大、保存最完好的喀斯特地貌。黄龙风景区有世界三大之最:最壮观的露天钙华彩池群、最大的钙华滩流、最大的钙华塌陷壁。

罕见的钙华景观

黄龙钙华景观类型齐全,钙华

边石坝彩池、钙华滩、钙华扇、钙华湖、钙华塌陷湖、钙华塌陷坑，以及钙华瀑布、钙华洞穴、钙华泉、钙华台、钙华盆景等一应俱全，是一座名副其实的天然钙华博物馆。它规模巨大：黄龙沟连绵分布钙华段长达 3 600 米，最长钙华滩长 1 300 米，最宽处宽 170 米；彩池数超过 3 400 个；边石坝最高达 7.2 米；扎尕钙华瀑布高达 93.2 米。这些在中国乃至世界来说都是绝无仅有的。

黄龙的钙华景观有三个特点。①分布集中：在全区广阔的碳酸盐地层上，钙华奇观仅集中分布在黄龙沟、扎尕沟、二道海等四条沟谷中，海拔 3 000～3 600 米的高程段。②过程完整：区内黄龙沟、二道海、扎尕沟分别处于钙华的现代形成期、衰退期和蜕化后期，给钙华演替过程的研究提供了完整现场。③组合精巧：在黄龙沟 3 600 米区段内，同时组接着几乎所有钙华类型，并巧妙地构成一条金色"巨龙"，翻腾于雪山林海之中，实为自然奇观。

钙华彩池是黄龙钙华景观中最精彩的瑰宝。在相对高差达 400 米的黄龙沟中，长期的钙华沉积形成了一系列似鱼鳞叠置的彩池群，共有 8 群 2 300 多个，彩池层层相连，由高到低，呈梯田状排列。这些彩池大的几十平方米，小的只有几平方米。池中的碳酸钙在沉积过程中与各种有机物和无机物结成不同质的钙华体，再加上光线照射的种种变化，便形成了池水的不同颜色。8 群彩池规模不同，形态各异，明镜一般的池水镶嵌在似金如玉的钙华体上，掩映在一片葱郁的密林之中，彩光闪烁，斑斓绚丽，因此人

◆ 黄龙洞以规模大、内容全、景色美而被誉为溶洞景观的"全能冠军"。黄龙洞是诗的结晶、哲学的凝聚、美学的雕像

◆ 黄龙地区的高山景观

们便称黄龙的彩池为"五彩池"。

高山峡谷江源地貌

黄龙地区地貌总体特征是山雄峡峻中，其特点是角峰如林，峡谷深切，枝状江源，南直北曲。黄龙高度范围为海拔 1 700～5 588 米，一般峰谷相对高差在千米以上，3 700～4 000 米多为冰蚀地貌，气势磅礴，雄伟壮观。黄龙地区有很多喀斯特峡谷，崖峰峻峭，水景丰富，植被繁茂。依谷底形态分，有丹云喀斯特溪峡、扎尕钙华森林峡和二道海钙华叠湖峡等数种。黄龙境内涪江江源为一主干东西树枝状水系，上游河床宽平，下游峡谷深曲，南侧支流平直排列，北侧支流陡曲排列，形成上宽下深、南直北曲的独特江源风貌。

◆ 身处温盘峪，让人心旷神怡，恍如仙境

云台山

云台山位于中国河南省焦作市东北部的修武县境内，属太行山系。因山势险峻，主峰孤峦秀矗，形似一口巨锅，兀覆在群峰之上，山间常年云雾缭绕，故得名云台山。这里以山称奇，以水叫绝，山水相依，美景不绝。

水、地下水沿裂隙对岩石进行溶蚀、再加上风化的作用，造就了如今的山、石形态。在云台山，岩石或像墙壁一样陡立，或成岩墙，成险谷，与中国南方地区的岩溶地貌截然不同，所以科学家认为这里的地貌应该定名为"云台地貌"，列成一个中国北方岩溶地貌类型。

云台地貌

云台山在远古时代是一片汪洋，随着时间的流逝、地壳的变动，逐渐升起抬高，形成平原。在十几亿年前造山运动时期，地貌景观发生了很大的变化。在燕山造山运动时期，这里北部上升，河流迅速下切，形成又深又陡的峡谷。其后，地表

温盘峪

温盘峪是云台山中一道红色的峡谷。峡谷夏季凉爽宜人，隆冬则温暖如春，一年无四季，温度始终保持在 25℃ 左右，故称温盘峪。温盘峪峡谷最窄处不到 5 米，最宽处也不过 20 米。峡谷深 80 米左右，长度为 1 000 米。峡谷两岸的瀑布

有九条之多,称为"九龙瀑布"。

老潭沟

　　老潭沟是云台山地区的一个峡谷。它是由岩石断裂后经过流水下切侵蚀而形成的,全长约5 000米。谷底的宽度大于谷顶部,峡谷像个"口小肚子大"的坛子,这就是云台山最有特色的地貌类型——瓮谷。在老潭沟尽头的云台天瀑自314米高的悬崖上飞流直下,是亚洲

◆ 飞瀑

◆ 云台山百家岩

落差最大的瀑布。

小寨沟

　　小寨沟是云台山另一条峡谷,长2 500米。这里三步一泉,五步一瀑,十步一潭。瀑布姿态各异,成因不同,落差不一。"悬泉飞瀑"是小寨沟的点睛之笔,位于小寨沟尽头,亦称"龙凤瀑"。这是一个奇特的瀑布,泉水是从峭壁中流出来的,泉眼离地面有十几米高,这里的山崖和云台天瀑不同,由两种不同岩性的岩石构成。上半部为寒武纪透水的灰岩,而下半部分为不透水的页岩,当流水透过灰岩下渗,遇到不透水的页岩就会溢出,灰岩与页岩的分界在十几米高的峭壁上,所以泉水出露的地方在半山腰,形成瀑布。

◆ 梅里雪山常年被冰雪覆盖

梅里雪山

梅里雪山位于中国云南省迪庆藏族自治州德饮县和西藏自治区察隅县交界处，距离昆明 849 千米。梅里雪山属于怒山山脉中段，处于世界闻名的金沙江、澜沧江、怒江"三江并流"地区，它逶迤北来，连绵十三峰，座座晶莹，峰峰壮丽。

冰川地貌

梅里雪山地区强烈的上升气流与南下的大陆冷空气相遇，变化成浓雾和大雪，并由此形成世界上罕见的低纬度、高海拔、季风性海洋性现代冰川。雨季时，冰川向山下延伸，冰舌直探 2 600 米的森林；旱季时，冰川消融强烈，又缩回 4 000 米以上的山腰。由于降水量大、温度高，梅里冰川的运动速度远远超过一般海洋性冰川。剧烈的冰川运动加剧了对山体的切割，造就了令所有登山家闻之色变的悬冰川、暗冰缝、冰崩和雪崩。明永冰川是最壮观的冰川，从海拔 5 500 米的地方下延至海拔 2700 米的森林地带，长达 8 千米，宽 500 多米，面积有 73.5 平方千米，是世界上少有的低纬度、高海拔、季风性海洋性现代冰川。

雪山花园

梅里雪山既有高原的壮丽，又有江南的秀美。蓝天之下，洁白雄壮的雪山和湛蓝柔美的湖泊，莽莽苍苍的林海和广袤无垠的草原，无论是在感觉上还是在色彩上，都给人带来强烈的冲击。梅里主峰卡瓦格博峰的南侧，有从千米悬崖倾泻而下的雨崩神瀑，在夏季尤为神奇壮观。因其为雪水，从雪峰中倾泻，故而色纯气清。阳光照射，水蒸腾若云雾，水雾又将阳光映衬为彩虹。在卡瓦格博峰下，冰斗、冰川连绵，犹如玉龙伸延，冰雪耀眼夺目。梅里雪山的植被茂密，物种丰

◆ 梅里主峰卡瓦格博峰是藏传佛教的朝觐圣地，传说是宁玛派分支伽居巴的保护神

◆ 梅里雪山下的藏族村落

富，在植被区划上属于青藏高原高寒植被类型，在有限的区域内，其呈现出多个由热带向北寒带过渡的植物分布带谱。海拔2 000～4 000米，主要是由各种云杉林构成的森林。森林的旁边，有着延绵的高原草甸。夏季的草甸上，无数叫不出名的野花和满山的杜鹃花、格

桑花争奇斗艳，竞相怒放，犹如一块被打翻了的调色板，在由森林、草原构成的巨大绿色地毯上，留下大片姹紫嫣红的花海。

雪域圣地

梅里雪山是康巴藏族人民心中的圣山，而海拔高达6 740米的主峰卡瓦格博峰，更是藏传佛教的朝拜圣地。卡瓦格博，藏语意为"白色雪山"，俗称"雪山之神"，传说其原是九头十八臂的煞神，后被莲花生大士教化，皈依佛门做了格萨尔麾下一员剽悍的神将，从此统领边地、福荫雪域。卡瓦格博像常被供奉在神坛之上，他身骑白马，手持长剑，雄姿英发，这与雪山之神的高峻挺拔、英武粗犷的外貌特征是极其相似的。在西藏地区甚至有这样的传说：如果今生有幸登上布达拉宫便可在东南方向的五彩云层中看到卡瓦格博的身影。每年秋末冬初西藏、四川、青海、甘肃等一批批香客，千里迢迢，牵牛扶仗，徒步赶来朝拜这座心中的自然丰碑。他们围着神山顶礼膜拜，少则七天，多则半月，这在当地被称为"转经"。若逢藏历羊年，传经者更是增到百十倍，登山的场面，令人叹为观止。

◆ 清晨的梅里雪山，顶上的冰雪映着阳光发出闪闪的金光，其陡峭近乎直角的金字塔面展示着它的雄壮、神圣和威仪，使人望而生出敬畏之感

◆ 黄山古建筑群

黄山

黄山位于中国安徽省南部。原称"黟山",唐天宝六年(公元 747 年)六月十六日改现名,这一天还被唐玄宗钦定为黄山的生日。黄山以其奇伟俏丽、灵秀多姿著称于世。这里还是一座资源丰富、生态完整、具有重要科学和生态环境价值的国家级风景名胜区和疗养避暑胜地。

黄山概况

黄山位于中国东部安徽省南部,南北约 40 千米,东西约 30 千米,面积约 1 200 平方千米,其中精华部分为 154 平方千米,号称"五百里黄山"。黄山经历了漫长的造山运动和地壳抬升,以及冰川的洗礼和自然风化作用,才形成其特有的峰林结构。黄山号称有"三十六大峰,三十六小峰",主峰莲花峰海拔高达 1 864 米,与平旷的光明顶、险峻的天都峰一起,雄踞在景区中心,周围还有 77 座千米以上的山峰,群峰叠翠,有机地组合成一幅波澜壮阔、气势磅礴的立体画面。

黄山"四绝"

奇松、怪石、云海、温泉素称黄山"四绝"。奇松:松是黄山最奇特的景观,百年以上的黄山松就数以万计,多生长于岩石缝隙中,盘根错节,傲然挺拔,显示出极顽强的生命力,已命名的多达百株,玉女峰下的迎客松更成为黄山的象征。怪石:黄山险峰林立,危崖突兀,峰脚直落谷底,山顶、山腰和山谷等处广泛分布着

◆ 黄山迎客松

◆ 黄山奇石

◆ 黄山奇峰

花岗岩石林和石柱，巧石怪岩犹如神工天成，形象生动，构成一幅幅绝妙的天然图画，其中有名可数的有 120 多处，著名的有"松鼠跳天都""猴子望太平"等。云海：黄山自古云成海，黄山是云雾之乡，以峰为体，以云为衣，其瑰丽多姿的云海以"美、胜、奇、幻"享誉古今，尤其是雨雪后的初晴，日出或回落时的"霞海"最为壮观。温泉：黄山温泉，古称"灵泉""汤泉""朱砂泉"，由紫云峰下喷涌而出，与桃花峰隔溪相望，温泉中含有多种对人体有益的微量元素，水质纯正，温度适宜，可饮可浴。

黄山价值

　　黄山，曾在中国历史上文学艺术的鼎盛时期(公元 16 世纪中叶的"山水"风格)受到广泛的赞誉，以"震旦国中第一奇山"而闻名。今天，黄山以其壮丽的景色——生长在花岗岩石上的奇松和浮现在云海中的怪石而著称。对于从四面八方来到这个风景胜地的游客、诗人、画家和摄影家而言，黄山具有永恒的魅力。

◆ 黄山云海

喀纳斯湖

◆ 美丽的喀纳斯湖，静静地躺在阿勒泰山脚下，不仅湖光山色让人心醉，而且它的神秘更是令人向往

喀纳斯湖位于中国新疆北部的阿勒泰山脉深处。"喀纳斯"出自蒙古语，意为"美丽而神秘的湖"。喀纳斯湖及附近地区被著名学者钱伟长誉为"亚洲唯一的瑞士风光"，还被称为继云南中甸后又一个拥有"梦中的香格里拉"景色的地方。

喀纳斯概况

喀纳斯诞生于距今 20 万年前后，是由古冰川刨蚀，冰塞物阻塞山体积水形成的中继湖。湖形似月牙，又像一个长豆荚，湖面海拔 1 374 米，南北长 24 千米，平均宽约 1 900 米，湖水最深 188.5 米，面积 45.73 平方千米，是中国最深的高山流水湖泊。环湖四周峰峦叠嶂，原始森林密布，阳坡被茂密的草丛覆盖，而北端的入湖三角洲地带，大片沼泽湿地与河湾沙滩共存，地形平坦开阔，各种草类与林木共生，风景秀丽，水天相遇。当人们置身于此时，蕴藏于心灵中的安逸、宁静、清新的自然底蕴随之绽放。

美伦美幻的变色湖

喀纳斯湖是有名的变色湖。湖水在不同的季节与天气下，会呈现出不同的炫丽色彩。夏日微带乳白，冬日则像莹莹水晶。湖水不但四季色彩变幻，在早晨和傍晚也各具特色，时而碧绿，时而蔚蓝，时而灰青，时而乳白……一日可变数色。从高处俯瞰湖水，晴天呈浅蓝色，阴天带墨绿色。据说，这是与喀纳斯河流域的石灰岩风化有关。喀纳斯湖上游约 40 千米处还有一个面积约 10 平方千米的湖，叫阿克库勒湖，蒙古语的意思为"白湖"。湖周围以石灰岩为主，冰川含有大量风化的灰白色岩石粉，冰川融水和雨水将这些粉末带入湖中，阿克库勒湖便呈白色。这种水质随河水汇入喀纳斯湖，在阳光、云团的映射下，又将周围山色反射在湖中，使湖面颜色变幻莫测，斑斓流彩。泛舟喀纳斯湖上，欣赏那碧水、青山、绿林、白雾、灰云的和谐天成与无穷变幻的湖色，令人陶醉怡然。湖上时而艳阳高照，

◆ 喀纳斯湖是有名的变色湖，湖水的颜色不但四季色彩变幻，在早晨和傍晚也各具特色

后朝阳初升的清晨，喀纳斯山谷往往被浓厚的云雾遮盖，只露出一座座海拔2 000米以上的峰顶。当太阳升到一定高度，迎日的山雾中便逐渐显现一个巨大的彩色光环，浓淡变幻，鲜艳夺目。令人惊异的是，在这光环之中，还会映出山峰和游人的影像，成为似幻似真的"佛影"，使人如入仙境，忽生飘飘欲仙之感。

波澜不惊；时而云雾缭绕，细雨霏霏，大有"十里不同天"的感觉。

佛光幻影

喀纳斯山色秀丽，景象万千，各种自然奇景时隐时现，其中，以"佛光"奇观最引人遐思。喀纳斯湖奥妙神奇的"佛光"可与四川峨眉山金顶的"佛光"媲美。在喀纳斯欣赏"佛光"，也有与峨嵋不同之处。喀纳斯的"佛光"与天下独秀的湖光、山舞银蛇的冰川、绿草如茵的草原、浩瀚无垠的森林、轻盈飘荡的山间薄雾融为一体，交相辉映，让人如临仙境。每年七八月份，雨

◆ 湖面碧波万顷，群峰倒影，并且还会随着季节和天气的变化而时时变换颜色，每至秋季，层林尽染，景色如画

富士山

◆ 富士山海拔 3 776 米，是个完美对称的火山锥，它以优雅美丽的姿态俯视着全日本

富士山位于日本本州岛中南部，是日本第一高峰。在日本虾夷族语言中，"富士"的发音本是"火之山"的意思，后来汉字传入，才写成了"富士山"。富士山是日本民族的象征，因为它不仅仅是自然奇观，同时也是教徒崇敬的圣地，被认为是通向另一个世界的门户。因而，日本人民将其誉为"富岳""不二的高岭"。

◆ 130 多种鸟类栖息于富士山下的湖中

富士山概况

富士山位于日本本州岛中南部，东距东京约 80 千米，面积 90.76 平方千米，海拔 3 776 米，山峰高耸入云，山巅白雪皑皑。山体呈圆锥状，阳光下，像一顶闪闪发光的雪冠，雪冠形状为上小下大，似一把悬空倒挂的扇子，日本诗人曾用"玉扇倒悬东海天"，"富士白雪映朝阳"等诗句赞美它。这白与蓝的色调被称为"青空一朵玉芙蓉"，实为世上少有的奇观。

休眠火山

富士山的历史悠久，它是在距今一万年前，曾为岛屿的伊豆半岛由于地壳变动，与本州岛激烈相撞而隆起形成的山脉，而富士山现在秀丽的形态是5 000年前左右的火山喷发后形成的。历史上富士山曾多次喷发，自公元781年有文字记载以来，富士山共喷发过18次，最后一次是1707年，喷射出的黑色岩浆直达几十千米外的东京，沙土远扬

◆ 在富士山周围100千米以内，人们均可看到富士山美丽的锥形轮廓

◆ 富士山与湖水中的倒影，构成了绝美的画面

到400千米以外的地带。此后富士山变成休眠火山。

富士山喷发时，地壳内部的熔岩流先把凝固在山顶管道中的岩石打通，然后奔流而出，向四周漫流。冷却以后，一圈圈堆积在周围。这样形成的山丘，就成了匀称完美的圆锥形火山，叫作火山锥。而喷发时山麓处形成的无数山洞更是千姿百态，十分迷人。有的山洞现仍有喷气现象，有的则冷若冰霜。最美的富岳风穴内的洞壁上结满钟乳石似的冰柱，终年不化，通称"万年雪"，被视为罕见的奇观。山顶上有大小两个火山口，大火山口直径约800米、深200米。天气晴朗时，从山顶可看到日出、云海等大自然风光。

山水相映

富士山北麓有富士五湖，是火山喷发后形成的湖泊，从东而西为山中湖、河口湖、西湖、精进湖和本栖湖，以山中湖最大，面积6.75平方千米，湖东南有通道、镜池等八个池塘，总称"忍野八海"，与山中湖相通。河口湖在五湖中交通最为方便，湖中有岛，是五湖中唯一有岛的湖，湖中可见富士山倒影，被称为富士山奇景之一。西湖又名西海，是五湖中环境最安静的一个湖。西湖与精进湖原本是相连的，后因富士山喷发而分成两个湖，但这两个湖的湖底至今仍是相通的。岸边有红叶台、青木原树海、鸣泽冰穴、足和田山等风景区。精进湖是富士五湖中最小的一个湖，但其风格却最为独特，湖岸有许多高耸的悬崖，地势复杂。本栖湖水最深，最深处达126米，湖面终年不结冰，呈深蓝色，透着深不可测的神秘色彩。

下龙湾

◆ 广阔碧绿的海面点缀着尖峭青苍的岛群，雄浑与俊秀交融，显示出下龙湾独特的魅力

在越南海防市吉婆岛以东，下龙市以南，有一片神奇的海湾，在这片约 1 500 平方千米的海面上，山岛林立，仪态万千。有的一山独立，一柱擎天；有的两山相靠，一水中分；有的峰峦重叠，绵延十几千米。峥嵘奇险的山岛不计其数，其景色酷似广西的桂林山水，因此它被誉为"海上桂林"，这就是越南著名的海上胜景——下龙湾。

◆ 水本是淡淡的蓝色，当山影倒进去，水便绿意浓浓，越发显得清澈，好似有了万千灵气。

下龙湾概况

下龙湾分为 3 个小湾：东湾邻葫芦岛和翁门煤港；西湾界巡洲岛和吉婆岛；南湾包括明珠、云海、中门诸岛与数不尽的奇峰异石。山连水，水连山，鬼斧神工，千变万化，烟波浩淼，峰峦叠翠，令人陶醉忘情，叹为观止。下龙湾的海水非常清，可以看到水下 5 米甚至 10 米的地方。由于气候和地形适宜各种热带鱼类生活，又有几个河口带来的食物，因此越南沿海的各种鱼类在下龙湾都有。龙虾、对虾、珍珠、海参、鲍鱼、海带、红蚶等都是下龙湾的名产。

星罗棋布的小岛

下龙湾内有大量石灰岩岩石、片岩岛及少量土质小岛，加起来共有 1 600 个岛屿，其中有 1 000 个已命名。这里的岛各具韵味，巴门岛以热带丛林闻名，若岛以红鼻猴著称，而巡洲岛因其是下龙湾唯一的土岛而与众不同，所有这些令下

◆ 下龙湾的岛屿，属于喀斯特地貌，宛若天外飞来，像石林的石头，似桂林的山，独石成峰，群石成岭，其形多变，大小不一，彷佛天与海对弈时，落下棋子无数。

龙湾处处惊艳，恍若天堂。下龙湾东部有一些中等大小的岛屿，岛上的斜坡近乎直上直下，很有特点。这些岛上还有众多岩石、钟乳石和石笋。下龙湾内的群岛上只有土质的岛屿有人居住。

下龙湾的形成

下龙湾原是一片典型的溶岩峰林平原地貌，主要形成在 3 亿多年前的晚古生代石灰岩中。在高温潮湿的气候环境下，石灰岩受到水的侵蚀作用，逐渐形成山坡陡峻的喀斯特小山。雨水沿巨石的石缝渗入，与石灰岩的地下水一同形成下龙湾地区各种规模

的地下河系统。地下水位的下降或地壳的上升使本来淹没于水中的地下洞逐渐外露，形成干洞。加之从非石灰岩地区流来的地表水对下龙湾地区石灰岩进行的强烈溶蚀作用，岩石山坡渐渐后退，一些低矮的石山逐渐被蚀平，而那些较大的石山以被蚀后的奇特姿态屹立在平原之上，没有被破坏的洞穴依旧保存在小山中。在距今大约 5 000 年前的全球性海面上升运动中，这片峰林平原逐渐被海水淹没，最终形成今天下龙湾奇山异岛布于海面的绮丽风光。

◆ 往来帆影点点，江山如画，美不胜收

澜沧江

澜沧江发源于中国青藏高原唐古拉山北麓拉寨共马山海拔5 167米的一座小冰川,干流全长4 880千米,流经中国、缅甸、老挝、泰国、柬埔寨、越南6国,是一条著名国际河流,被称为"东方的多瑙河"。古时傣族称此江为"南澜掌",意为"百万大象繁衍的河流"。江两岸景物变化多端,奇峰嶙峋,"老茎开花""变色的花""绞杀植物"等丰富多彩的植物景观,充满了神秘色彩。

◆ 澜沧江是我国连接东南亚国家的水运大动脉

河身分布

澜沧江在中国境内全长2 139千米。澜沧江出中国境后称为湄公河,其中南阿河河口至南腊河河口31千米为中国与缅甸界河。湄公河老挝境内干流长777.4千米,老挝与缅甸的界河长234千米,老挝与泰国的界河长976.3千米。柬埔寨境内长501.7千米,越南境内长229.8千米,从越南胡志明市南面流进中国南海。

澜沧之源

澜沧江的发源地在群果扎西滩,"群果扎西"藏语意即"吉祥的水源",它位于海拔5 200多米的杂纳荣草原。草原四周群山上的许多小溪像倒悬在天际的珍珠项链,顺着冲激而成的冰槽汩汩而下,向着草原中部的群果扎西滩流去。这些小溪在群果扎西滩绕过30多个总面积在1 000平方米左右的湖泊,随自然形成的

◆ 澜沧江上游流经青藏高原,河谷平浅,水流缓慢

◆ 澜沧江以雨水和冰雪融水补给为主，径流丰富，年径流总量 741 亿立方米。

小沟小壑，游龙似的迂回曲折，与滩上诸多泉水融汇贯通。澜沧江上游支流之多，恐怕连长江、黄河都望尘莫及，因而藏民管它叫"杂曲河"，意为水流众多。各支流顺山涧峡谷曲曲折折，跌宕起伏而下，来到杂多县扎青乡，在这片较为平缓的山腰间，形成一个约 500 平方米的湖泊，近看会发现，水面竟高出地表，似乎投石可溢，因而无人敢靠近，牧民更是视之为"神水"。然而，尽管夏季山峦冰雪消融，暴雨肆虐，此处的大小湖泊也从未泛滥过。

鱼类资源

澜沧江源区气候，具有寒冷、干燥、风大、辐射强、冷季漫长、无绝对无霜期等特点。年平均气温一般在 −0.2℃ ~ 3.8℃

降水量自东南向西北递减，流域东部年平均降水量在 500 毫米以上，西部年降水量在 250 毫米左右。年内降水分布具有冷季少、暖季多的特点。由于流经区域具有独特的气候特点和地理条件，澜沧江－湄公河水系孕育了世界上最丰富的淡水鱼类生态系统。整个流域已知鱼类有 1 700 多种，鱼类多样性在世界大江大河中名列第二，仅次于亚马孙河流域。丰富的鱼类资源中包括目前已经高度濒危的伊洛瓦底江豚，以及其他极具商业价值的常见鱼类，如倒刺鱼、淡水鲨、黄貂鱼、面瓜鱼、红尾巴鱼等。除此之外，该流域还有其他丰富的水生物种，如暹罗鳄、淡水龟、蚌类等，以及大量以鱼类为生的水鸟。在上游杂曲河还有更难得一见的景观，每年 5 月，游鱼逆水而上到此繁殖后代，届时河中鱼群翻滚，由于数量众多，伸手可捞，形成"半河碧水半河鱼"的奇妙景观，令人惊叹。

◆ 澜沧江在横断山脉的高山深谷中穿行

恒 河

◆ 恒河历史悠久，有着浓厚的民俗和文化色彩，即使经过千年的文明洗礼，恒河两岸的人们仍然保持着古老的习俗

恒河是南亚最长、流域最广、水量最丰富的河流，更是印度文明的摇篮。印度人民尊称它为"圣河"和"印度的母亲河"。在印度神话中，恒河原是一位女神，是希马华特（意为"雪王"）的公主，为滋润大地、解救民众而下凡。女神是雪王之女，家乡就在云山飘渺的冰雪王国，这与恒河之源——喜马拉雅山脉南坡加姆尔的甘戈特力冰川相呼应。加姆尔在印度语中是"牛嘴"之意，而牛在印度是被视为神灵的，恒河水是从神灵——牛的嘴里流出的清泉，自然被视为圣洁无比。

水系概况

恒河的主源在喜马拉雅山脉南坡加姆尔的甘戈特力冰川，最远支流达中国境内。上源为两条西南流向河流——阿勒格嫩达河、帕吉勒提河。两河流经印度，在代沃布勒亚格附近汇合后始称恒河；继续奔腾下泻，穿过西瓦利克山脉，在古城赫尔德瓦尔附近流入平原，此后转东南流向，至安拉阿巴德与亚穆纳河汇合后转向东流，进入中游河段，河道弯曲蜿蜒，沿途接纳了哥格拉河、宋河、干达克河、戈西河、古格里河等支流，于巴加尔普尔以下进入孟加拉国境内。入孟加拉国不久进入下游河段，并分成数条支流，在瓜伦多卡德附近与南亚另一大河布拉马普特拉河汇合。两河巨大的水量冲积出世界上最大的三角洲——恒河三角洲，总面积达 6.5 万平方千米，地势低平，河网密布。恒河最后注入孟加拉湾。全长 2 580 千米，流域面积 90.5 万平方千米，河口流量 3 万～3.8 万立方米每秒。流域主要为平

◆ 岸边的河水中，洗浴的男女老少进入忘我之境。有的站在齐腰深的水中双手忙碌，尽情搓洗；有的双手合十，面向太阳默祷

原地形。

印度教圣河

印度教徒视恒河为圣河，认为以恒河圣水沐浴可以净罪。在赫尔德瓦尔、安拉阿巴德和瓦拉纳西等沿河圣城，每年都会举行盛大的沐浴节。印度教信徒常以一种孩子见母亲的心情来到恒河。他们称它为"恒妈"。当东方破晓、晨曦初露时，瓦腊纳西的码头上便已云集了四面八方来的虔诚教徒，开始了一天中以"圣水浴"为中心的宗教仪式。朝拜从祈祷开始，祭司口诵祷词，岸上的庙宇里高奏教乐，教徒扶老携幼，步着沿河的一级级石阶走进恒河，浸泡在圣水中，站在齐腰深的圣河里，双手捧起河水，一边喝一边虔诚地祈祷，恒河上下沉浸在一片喃喃的诵经祈祷声中。净身后，信徒提上一壶恒河"圣水"，带着供品走向寺院进行朝拜。教徒对恒河怀有强烈的信念：只要在恒河里沐浴，心中的邪恶和晦气都将洗刷干净。傍晚，沐浴场冷清下来，

但代替它的是恒河畔的火化场面，印度教教徒死后，通常都尽快在河畔举行火化，最后把骨灰洒在水中，认为这样可以"清洗终身过失""灰烬随恒河女神升天"。

◆ 东方欲白，淡淡的雾慢慢地散去，一轮红日喷薄而出，河面泛起一片金光

普林塞萨地下河国家公园

◆ 普林塞萨地下河国家公园包括一个完整的"山－海"喀斯特生态系统

普林塞萨地下河国家公园位于菲律宾巴拉望省北岸圣保罗山区。公园北临圣保罗湾，东靠巴布延海峡，位于巴拉望省的首府普林塞萨港市中心西北大约 80 千米处，占地 200 多平方千米，海拔高度变化于海平面到公园的制高点圣保罗山（1 028 米）之间。

复杂的地形

普林塞萨地下河国家公园包括丰富多样的地形——广袤无垠的平原、连绵起伏的丘陵和峭立高耸的山峰，但其中

最令世人惊叹的还是圣保罗山区喀斯特岩溶地貌景观。公园内 90％以上的地貌都是由圣保罗山周围尖锐的喀斯特灰岩山脊所组成的，而圣保罗山本身也是由一系列浑圆的灰岩山峰沿着巴拉望岛的西海岸南北轴向连绵而成的。公园的主要景观是被人们称为"地下河"或"圣保罗洞"的 8 000 多米长的地下暗河。地下河的洞内林立着千姿百态的钟乳石和石笋，有的像巨大的尖锥直刺头顶，有的像颗猴头菇附在石壁上，有的像一尊耶稣基督头像，随着角度

的变换，其形状也千变万化。除此之外，还有几个120多米宽、60多米高的大溶洞。暗河在圣保罗山以西大约2 000米的地方流出地面，这里的海拔高度为100米。地下河几乎在地下奔流了整个长度后进入圣保罗湾。

◆ 普林塞萨地下河通道

森林与植被

普林塞萨地下河国家公园有三种森林形式:低地森林、喀斯特森林和灰岩森林。大约2/3受保护的植被都处于原始状态，其中龙脑香属植物占多数。低地森林是巴拉望潮湿森林的一部分，是世界野生动物保护基金组织保护的200个生态区域之一，以拥有亚洲最繁荣的树木植物群而著称于世。喀斯特森林只生长在土壤较多的有限区域内。海岸森林只有不到4万平方米的面积，此外红树林也是乌卢甘湾的重要特征。苔原、远岸海草地和珊瑚礁在这里都有发现。

◆ 巴拉望孔雀雉

动物资源

整个巴拉望岛是冰川时期形成的大陆桥的残迹，因此这里的动植物群与菲律宾其他地区的动植物群有很大的差别，但很接近于婆罗州的动植物群。岛上的地方性哺乳动物包括豪猪、臭獾等，还有其他一些哺乳动物，如熊狸、食蚁兽、东方小爪水獭、食蟹短尾猿、麝猫等也在此繁衍生息。公园的海域里还生活着儒艮(俗称"美人鱼")等较为罕见的海洋生物。鸟类有苍鹭、猫头鹰、白腹金丝燕、小金丝燕、灌木鸡、海鹰等。地下河的河道和溶洞中也有大量的金色燕和蝙蝠生活，凤尾雉鸡也常有发现。

◆ 喀斯特地貌

帕木克堡

帕木克堡位于土耳其西部的一处山麓,在古希腊和古罗马旧城废墟下。1765 年,英国古典文学家钱德勒在小亚细亚旅行时偶然发现,他吃惊地记录下帕木克堡,"一片冻结的大瀑布;奔腾的水面好像突然凝固;汹涌的激流在一瞬间僵化了"。

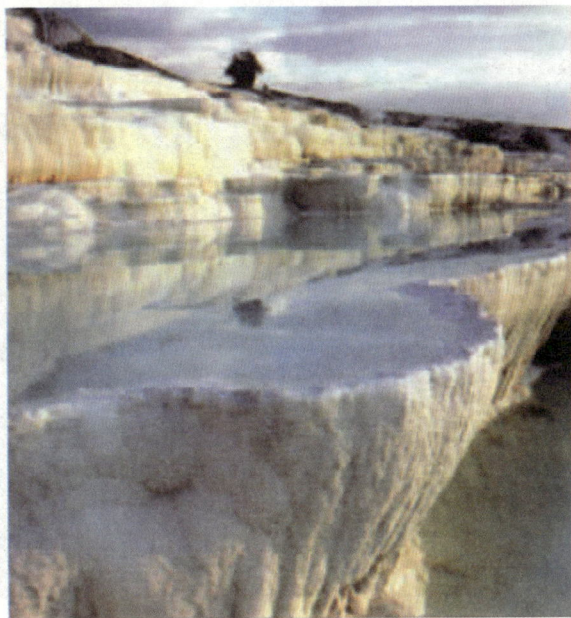
◆ 帕木克堡白色的矿物沉积,在有些地方形成峭壁

帕木克堡概况

"帕木克"在当地语言中是"棉花垛"的意思。从远处看上去就像一片宽广的白色斜坡,有一片层层叠起的乳白色梯形阶地,在阳光下熠熠生辉,宛如仙境。近看帕木克堡那白色的梯形阶地,如同扇贝层层叠起。绒毛状的白色梯壁和钟乳石,倒映于清澈的池水之中,就像结冰的瀑布。细长的石柱夹杂着夹竹桃的红花,在长满松林的山峰及灿烂的阳光衬托下,分外夺目。

钙华梯池

帕木克堡的梯壁、阶地和钟乳石分布范围约有 2 千米长,0.5 千米宽。关于它的形成,早有传说"其为上古神灵收获和曝晒棉花的所在,久之棉花化为玉石而成"。按照现代科学的解释,乳白色的"阶梯"是钙华,其主要成分是石灰质(碳

◆ 白色梯壁

◆ 钙华堤层层叠叠的钙华池宛若玉盘盛满琼浆

酸钙），和溶洞里常见的钟乳石相近。这里的钙华来源于附近高原的温泉。雨水渗入地下，经过漫长的地下水循环，再以温泉的形式涌出，整个过程中水溶解了大量岩石中的石灰质和其他矿物质。当泉水涌出并从高原边缘顺坡流淌时，石灰质逐渐析出，沉积在沿途山石上，而且其结晶析出的规律是在水流的波折处更容易发生沉积，凸者愈凸，久而久之，逐渐形成有着白色闪光的梯壁、阶地和钟乳石的钙华堤。

帕木克堡之泉

帕木克堡泉水的治病功效至少在公元前190年就已闻名遐迩。据说白加孟（古希腊城邦小国）国王尤曼尼斯二世曾在有喷泉的高原上建了希拉波利斯城。希拉是白加孟国传奇式创始人特利夫斯的妻子，因此尤曼尼斯二世用她的名字为此城命名。公元前129年，希拉波利斯城成为罗马帝国领土，是罗马几位皇帝的温泉浴场，其中有尼禄和哈德利安。该城遗留下来的一个耐人寻味的遗址是冥王殿。冥王殿与太阳、音乐、诗歌和医药之神阿波罗的神殿相邻。两殿毗邻而建的用意是使冥王和阿波罗神的力量互相抵消。传说冥王的黑暗力量十分可怕，因为冥王殿的一个岩洞里常常会冒出一股毒气。希腊地理学家和历史学家斯特雷波说，毒气足可使一头公牛即刻毙命。相传，殿中的毒气与恶鬼相伴。从这个房间冒出来的蒸气现在仍然可以刺得眼睛流泪。现今科学研究已表明，毒气源于一道温泉。

欧 洲

　　欧洲的全称是"欧罗巴洲"。在希腊神话中，为爱驱使的宙斯神化身为金色公牛，将腓尼基人的公主欧罗巴带回地中海岸，惶惑的少女得到神祇的眷顾，落脚处的陌生大陆将以她的名字命名。于是，欧洲的名称由此诞生。

　　欧洲位于东半球西北部，亚洲的西面。北临北冰洋，西濒大西洋，南隔地中海与非洲相望，东与亚洲相连，西北隔格陵兰海、丹麦海峡与北美洲相对，面积1 016万平方千米，大部分处于中高纬度地带，多岛屿、半岛和海湾，这使它的整体轮廓支离破碎。海岸线比其他任何一洲都要曲折。内陆平原面积广阔，约占全洲面积的60 %。全洲地势的平均海拔300米，是平均高度最低的一洲。在地理上习惯分为南欧、西欧、中欧、北欧和东欧地区。

　　虽然按面积计算，欧洲是世界第二小的洲，但因其海洋性特点与复杂的地质结构，仍然毫不逊色地孕育了无数迷人的自然风光与特色地貌，令这片神话中的土地充满了深厚的底蕴与独特的魅力。

贝加尔湖

◆ 贝加尔湖四周群山环抱，溪涧错落，原始林带苍翠、风景异常美丽

贝加尔湖位于俄罗斯境内，东西伯利亚高原南部。中国古称"北海"，是欧亚第一淡水湖，它狭长弯曲，长 636 千米，平均宽 48 千米，最宽处 79.4 千米，好似东北—西南走向的弯弯弦月，镶嵌在东西伯利亚苍翠的崇山峻岭之中。

最深、蓄水量最大的淡水湖

科学家曾作过假设：若全世界的主要河流均注入贝加尔湖，则约需 1 年的时间才能灌满。该湖的水可供 50 亿人饮用半个世纪。贝加尔湖也是世界上最深和蓄水量最大的淡水湖，湖面面积为 3.15 万平方千米。湖水平均深度为 730 米，中部最深处达 1 620 米，蓄水量相当于北美洲五大湖蓄水量的总和，约占世界地表淡水总量的 1 / 5。河口中间耸立着一块巨大的

圆石，在滚滚洪流中，巨石似翻滚游动，气势宏伟，这是湖区的一个奇特景观。

古老的湖泊

贝加尔湖是世界上最古老的湖泊。早在史前时期，这一带是一片汪洋大海，2 000 万年前，由于发生强烈地震，中间的地层断裂塌陷，四周群山拱起，形成一个巨大的盆地，周围的急流不断地注入盆地，从而形成了这个地球上最深的湖。贝加尔湖有色椤格河、巴尔古津河、上安加拉等 336 条大小河流和山溪注入，湖水大部经安加拉河流出，一路向北奔向叶尼塞河，最终汇入北冰洋。通常，一个湖泊的寿命只有 1～1.5 万年，继而由于风吹日晒、泥沙淤积等而日渐干涸。但贝加尔湖的储水量非但不减，反而逐年增加。充沛的水量甚至影响到沿岸的气候：冬天，贝加尔湖所蓄的热量减缓了西伯利亚严酷的冰冻；夏天，贝加尔湖减弱了周围地区的暑热程度；而贝加尔湖本

身，即使在最暖和的季节里，湖面温度也保持在7℃左右。

动植物资源

贝加尔湖动植物品种和数量丰富，在不同深度共有1 200多种动物：其中有50种鱼，分属7科，最多的是杜父鱼科的25种杜父鱼；320多种鸟。水面或接近水面部分约有600种植物，其中四分之三是贝加尔湖特有的品种。

◆ 贝加尔湖海豹是目前世界上唯一一种可在淡水里生存的海豹。

这是世界其他湖泊无法比拟的，尤其珍贵的是湖中生物的古老性。如一种贝加尔特产胎鱼，名叫胎生贝湖鱼，顾名思义，这种鱼的母鱼会直接产下仔鱼而并非产卵。贝加尔湖是淡水湖，但湖里却生活着许许多多地道的海洋生物，如海豹、海螺、海锦、龙虾等。贝加尔湖底还有1~15米高、丛林似的海绵，奇形怪状的龙虾就藏在这个"丛林"里，这在其他湖泊里是绝不可能见到的。一般鲟鱼都生活在沿海，贝加尔湖的鲟鱼却已经完全变成淡水鱼了。在欧洲的典型湖泊中，通常只有几种端足类动物（虾状甲壳动物）和扁虫，而贝加尔湖却有200多种端足类动物和80多种扁虫，数量众多，种类奇特。

◆ 湿地滤除了来自色楞格河的大量污染物，对保护贝加尔湖环境和生物多样性发挥着极其重要的作用

瓦特纳冰川

冰岛因遍布冰川、火山与温泉而被人们称为"冰与火之地"。瓦特纳冰川是冰岛境内最大的冰川，它的面积为 8 420 平方千米，含冰量为 3 300 立方千米。冰川面积相当于该国面积的 1/12。由于冰川底部是火山，火山内部变化使地壳里的熔浆喷发，但熔浆马上被冰冻结，所以冰川仍在缓慢不停地增长，造成雪崩、冰崩，大块儿的冰从川顶坠落到冰川脚下的冰川湖，这些大块的浮冰在湖里长年不化，有些甚至有 2 000 年的冰龄。

◆ 大自然的伟大的力量在冰岛呈现出温柔、粗犷、壮美、奇特、怪异、虚幻，以及残酷、无奈

巨大的冰原

在冰岛的巨大冰原瓦特纳冰川上，冰块之多几乎相当于整个欧洲其他冰川的总和。它覆盖的面积差不多等于英国威尔士或美国新泽西州的一半。其平滑的冠部伸展出许多条大冰舌，冰雪从荒漠中升起，穿过山区，形成一大片白色平原，厚度在 900 米以上，以致寸草不生。

瓦特纳冰川的东南两端有布雷达梅尔克冰川和斯凯达拉尔冰川。东端的布雷达梅尔克冰川有蜿蜒曲折的条状岩石，还有从高地山谷中冲积下的泥土，冰川的末端是一个湖泊。巨大而坚硬的厚

冰块偶尔会从冰川分裂出来坠入水中，水花四溅，发出巨响，形成一座座冰川，漂浮在湖面上。在这两条冰川之间有一个小冰冠，名为厄赖法冰川，覆盖着与冰川同名的火山。厄赖法火山的高度在欧洲排名第三，它曾在 14 世纪和 18 世纪时先后有过两次毁灭性的爆发。瓦特纳冰川永不静止的特性是冰岛的典型风光。目前，瓦特纳冰川仍以每年 800 米的速度流入较温暖的山谷中，当它在崎岖的岩床上滚动时，会裂开而形成冰隙。

◆ 在冰岛上可以领略到冰川、热泉、间歇泉、活火山、冰帽、苔原、冰原、雪峰、火山岩荒漠、瀑布及火山口

格里姆火山

从地质学的角度来说，冰岛是一块新生的陆地，还在形成的过程中。它屹立在6 400米厚的玄武岩上。过去两千多万年以来，由于大陆漂移，欧洲及北美洲慢慢背向移动，造成大西洋海岭上一处很深的裂缝，玄武岩便是从这个"热点"涌出来的。在上次冰河时期的二百多万年间，冰岛上的火山岩表被厚达1 600米的冰川凿开，冰期在约一万多年前才告结束。冰岛的中心地带遍布火山、火山口及熔岩，1/10的土地被熔岩覆盖着。

瓦特纳冰川下藏着的格里姆火山是该冰川底下最大的火山。火山的周期性爆发融化了周围的冰层，冰水形成湖泊，湖水不时突破冰壁，引起洪灾。格里姆火山口内的热湖深488米。湖泊被200米厚的冰覆盖，但来自底下的热量使部分冰融化了，冰变成水后便占据了更大的平面空间。在格里姆火山口，不断增加的水最终会冲破冰层，这种猛烈的喷涌使水流带走了其路径中的一切，包括高达20米的冰块。20世纪以来，格里姆火山每隔5～10年便爆发一次。火山喷发的火焰与冰川移动的冰块相互交融，使得瓦特纳冰川显得神秘而变幻莫测。

◆ 瓦特纳冰原覆盖着冰岛大约8％的陆地，是除极地外最大的冰盖

◆ 堪察加火山是世界著名的火山区之一,它拥有高密度的活火山,而且类型和特征各不相同

堪察加火山

堪察加半岛

堪察加半岛是世界上火山活动十分活跃的地方之一。各种各样的火山现象,如间歇泉、富含矿物质的温泉都可以充分证明这一点。半岛上有三百多座火山（包括破火山口、层火山、外轮火山及混合类型火山),其中有 29 座近期活动十分频繁。留契夫卡雅火山是欧亚大陆最高的火山,海拔 4 750 米,在其南部的克罗斯基自然保护区中还有不少死火山。半岛的中央被两座山脉环绕着,形成大陆性的气候,而除此之外的其他地区受海洋影响较

堪察加火山位于俄罗斯远东地区最偏远的堪察加半岛上,半岛将鄂霍次克海(太平洋西北部边海)与太平洋隔离开来。堪察加火山是世界著名的火山区之一,它拥有高密度的活火山,而且类型和特征各不相同。五座具有不同特征的火山构成了堪察加半岛的奇异景观。这个半岛年处的位置在欧洲大陆和太平洋之间,也把这里的火山活动和各具特色的火山种类等非同寻常的特征展现在世人面前。除了地质特征,堪察加火山还以优美景观和众多的野生动物著称于世。

◆ 雄伟的火山,造就了堪察加半岛独特的自然景观

大。这里 1 月份平均温度为 –8℃，7 月份平均温度为 10℃。西海岸受冰冷的鄂霍次克海的影响，气温明显偏低。堪察加半岛各部分的降水情况迥异：中部地区的年均降水量少于 400 毫米，沿西海岸地区为 1 000 毫米左右，而南部地区可达到 2 000 毫米。

四大奇观

堪察加半岛上的奇观主要有四种。一是火山，火山遍布全境，有 160 余座，其中活火山 28 座。二是喷泉，半岛上的冷热喷泉很多，仅热喷泉就有 85 处，还有罕见的间歇泉，以克罗斯基自然保护区内为多。喷泉成分各异，有酸性泉、硫磺泉、氨碱泉等。间歇泉中以"巨人泉"最为壮观。此泉喷发时间虽不长，但很强烈，先是泉水注满出口，而后冒泡沸腾，最后巨大的水柱突然腾空而起，喷泉高 10 ~ 15 米，整个河谷便笼罩在云雾之中。霎时间，河水淙淙，泉水汩汩，热气腾腾，地下隆隆，惊心动魄。而在间歇泉密集的舒纳亚河支流地区，群泉竞喷，此起彼落，云雾缭绕，又是另一番景象。三是死亡谷，它坐落在基赫皮内奇火山山麓、热喷泉河上游。峡谷长 2 000 米，宽 100 ~ 300 米，海拔 1 000 多米，有山涧穿谷而过，流水清澈见底。山谷四周峭壁峥嵘，峰顶白雪皑皑。这里的西山坡上草木茸茸，东边却是光秃秃的一片，峡谷里经常弥漫着轻纱般的薄雾。在这里，经常会有大至黑熊、小到田

鼠等动物突然死亡，故称死亡谷。其实，这是由于谷底有含硫岩层，有纯硫裸露，常溢出有毒的硫化氢气体。刮西风时，峡谷出口被封，毒气无法升腾消散，来此觅食的动物便中毒死亡。只有强烈的东风和北风刮来时，地下的毒气才被稀释消散，此时才能随意进谷。四是海潮，西北部品仁纳湾内的海潮是一大奇观，海潮高度经常在 13 米左右。

◆ 火山为堪察加半岛谱写了美妙的乐章

◆ 堪察加火山附近的住宅区

维苏威火山

◆ 维苏威火山在 1.2 万年中不时喷发，火山口总是缭绕着缕缕上升的烟雾，足以点燃一张纸

维苏威火山位于意大利那不勒斯市东南部，海拔 1 281 米。火山口周边长 1 400 米，深 216 米，基底直径 3 000 米。火山原系海湾中一小岛，后经一系列火山爆发堆积的喷出物将其与陆地连成一体。它是欧洲大陆唯一的活火山，也是意大利乃至全世界著名的火山之一。

维苏威火山概况

维苏威火山过去被称为苏马山或索马山，其古老山地的边缘部分呈半圆形，环绕于目前的火山口。维苏威火山在最近的 1.2 万年中不时地喷发，火山口总是缭绕着缕缕上升的烟雾。火山脚下是维苏威火山灰形成的土壤，十分肥沃，故遍布着果园，一派欣欣向荣的田园风光，而

火山坡上则显得十分荒凉。从高空俯瞰维苏威火山的全貌，它所呈现的是一个漂亮的近于正圆形的火山口，这正是由公元 79 年那次大喷发形成的。由于维苏威火山一直很活跃，因此后期形成的新火山上一直未长出植被，而早期喷发形成的位于新火山外围的苏玛山上已有了稀疏的树木。维苏威火山并不太高，走在火山渣上面脚底下会发出沙沙的声音。站在火口缘上可以看到整个火山口的情况，烟雾缭绕的火山口深浅莫测，由黄色、红褐色的固结熔岩和火山渣组成。从熔岩和火山灰的堆积情况还可看出维苏威火山经历了多次喷发，熔岩和火山灰经常交替出现。尽管自 1944 年以来，维苏威火山没再出现喷发活动，但平时维苏威火山仍不时地有喷气现象，说明火山并未"死去"，只是处于休眠状态。

喷发和静止

维苏威火山活动可分为喷发期和静止期。其于公元 79 年至 1037 年喷发过 8 次，经过几个世纪的静止期，1631 年 12 月 16 日又发生大喷发，5 座城镇被毁，约 4 000 人死亡。1660 ~ 1944 年共经历 20 次大喷发。静止期以喷发后火山口封闭为标志。维苏威火山自公元 79 年大喷发

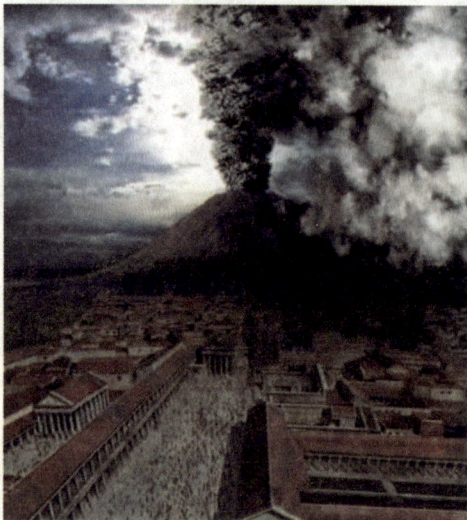

◆ 维苏威火山在 20 世纪喷发过 4 次，最后一次发生在第二次世界大战期间

以后，除 1037～1630 年长达几个世纪的停息外，一直处于喷发期与静止期的交替之中。

在维苏威火山的数次喷发中，造成损失最大的就是公元 79 年的喷发。它令一个已有高度文明的古城——庞贝瞬间消亡。在喷发前期，这一地区接连发生了多次震级不高的地震，马与牛群惊恐不安，而鸟却静得出奇，直到一日清晨，火山灰开始从火山口溢出，随高空气流而至的云团覆盖了庞贝和附近的庄园，将它们笼罩在一片黑暗之中。接踵而至的是无休止的岩屑雨，这些岩屑是一种气体释放后形成的多孔且重量较轻的石头，但其中却有大约 10％是实心石头，这些较重的抛射物使不少人丧生。火山灰在这一地区飘落了几天之久，致使庞贝的大部分地方从人们的视野中消失。火山最后一次喷发释放出的火山灰几乎覆盖了所有剩余的一切，掩盖了痛苦不堪地做最后挣扎的城市。根据测算，这次火山爆发持续了三十多个小时，喷发到地面的物质大约有 3 立方千米。"庞贝爆发"在我们所知道的火山爆发中占有重要的地位，当然也是人口稠密区最大的火山爆发。

在 18 世纪初期考古挖掘以前，庞贝是在地面上被抹去了的古城。庞贝被掩埋在火山喷发时产生的碎石尘埃之下。

◆ 在维苏威火山顶，可以看到硕大无比的大火山口。口内终日白雾蒸腾，令人生畏

阿尔卑斯山

◆ 阿尔卑斯山脉是欧洲第一大山脉，横跨法国、瑞士、德国、意大利、奥地利等国的部分地区

阿尔卑斯山是欧洲最高大的山脉，从热那亚湾附近的图尔奇诺山口沿法国、意大利边境北上，经瑞士进入奥地利境内，绵延 1 200 千米，平均海拔约 3 000 米。阿尔卑斯山的主峰是勃朗峰，海拔 4 810 米，位于法国和意大利的边境上。"勃朗"一词在法语中是"白"的意思，由于山峰积雪终年不化，银白如玉，故称勃朗峰。

山脉概况

阿尔卑斯山脉是第三纪渐新世至中新世期间因非洲板块向北边的亚欧板块移动挤压隆升而形成的。阿尔卑斯山主脉向东延伸是喀尔巴纤山脉，向南延伸是亚平宁山脉，向西南延伸是比利牛斯山脉。阿尔卑斯山脉虽然高大陡峻，但也有许多河谷和山口，成为中欧与南欧之间的重要通道。阿尔卑斯山脉在第四纪冰期中遭到强烈的冰川作用，现代冰川占有一定的地位，大部分山体曾被冰川覆盖，现有冰川 1 200 多条，冰川融水形成了许多大河的源头，莱茵河、罗讷河和

波河都发源于此。阿尔卑斯山麓还分布着冰碛湖和构造湖，较大的有日内瓦湖、纳沙泰尔湖、苏黎世湖等，其中日内瓦湖最大，面积 581 平方千米，深 309 米。

雪崩

阿尔卑斯山区雪崩十分频繁，在瑞士有 9 500 多条雪崩道，每年从秋季开始

◆ 阿尔卑斯山脉的北部和东部位于西风带，夏凉冬暖，夏季降水丰沛。山脉南部冬季温和湿润，夏季干燥炎热

◆ 阿尔卑斯山绵延不绝的山峦间满眼扑来的都是目不暇接的五颜六色，满山遍野童话世界般的花团锦簇，生动得让人呼吸停滞

发生雪崩，春季为最频繁时期。在奥地利境内，雪崩不仅威胁着交通，也威胁着当地居民和旅游者的生命财产，在 1951 年发生的强烈雪崩中有 154 人遇难。雪崩的原因是早雪少，晚雪多，积雪表面疏松易下坠。其中最可怕的是尘雪块，这种雪块由较松散的新雪形成，一旦遇上强风，它就会顺山而下，越滚越大，势不可当。

气候与植被

阿尔卑斯山脉由于海拔较高，位置特殊，形成了独特的气候区域，内部差异显著。山脉的北部和东部位于西风带，夏凉冬暖，夏季降水丰沛。山脉南部冬季温和湿润，夏季干燥炎热。山脉的西北部受大西洋气团影响明显。阿尔卑斯山脉的降水随海拔升高而增多，自西向东逐渐减少。山地气候

的变化，造就了垂直自然带，从山前的低山丘陵至山顶，依次是温带阔叶林带、山地针阔叶混交林带、山地暗针叶林带、高山灌丛草甸带、亚冰雪带、冰雪带。

根据山地垂直自然带的分布，低山地带通常以种植业为主，中高山除森林外还可发展牧业。南翼低山地带分布着广泛的葡萄园和果园，这里盛产葡萄、苹果、梨、桃、樱桃等水果。低海拔地区的主要作物是玉米，谷类作物大部分布在谷地，春小麦种植区在海拔 1 200 ~ 1 400 米的地区，大麦在南翼可种植到 1 700 ~ 1 900 米的地方，在更高的地方还可种植燕麦、黑麦。

◆ 有的顶峰一片银色，也许是高处不胜寒，终年积雪。有的山峰高耸入云，望不到顶，只能看见覆盖着浓浓绿色的山岭

多瑙河

多瑙河是一条著名的国际河流，是世界上流经国家最多的一条河流。它发源于德国西南部黑林山东麓海拔 679 米的地方，自西向东流经奥地利、斯洛伐克、匈牙利、克罗地亚、塞尔维亚、保加利亚、罗马尼亚、摩尔多瓦、乌克兰等 9 个国家后，流入黑海。多瑙河全长 2 860 千米，是欧洲第二大河。

◆ 多瑙河是一条著名的国际河流，是世界上流经国家最多的一条河流

多瑙河概况

多瑙河源于德国黑林山的两条小溪，二者到多瑙辛根汇合，从这个地名开始被称为多瑙河，向东流经奥地利进入斯洛伐克，为上游，上游长约 966 千米，水深最高达 8 米，流速为 1~2 米 / 秒。经过斯洛伐克首都布拉迪斯拉发附近的"匈牙利门"峡谷，多瑙河进入小匈牙利平原，直到贝尔格莱德附近的铁门峡，为中游。出铁门峡后直到入黑海，为下游。

◆ 多瑙河两岸有许多美丽的城市，像一颗颗璀璨的明珠，镶嵌在这条蓝色的飘带上

大转弯地区

多瑙河在埃斯泰尔戈姆来了一个大转弯，随后在比利什山和伯尔热尼山之间河面变窄到 200 米，经维谢格拉德之后流入平原，随后河流一分

◆ 多瑙河边的布达城堡区自然环境优美

的世界。多瑙河三角洲 2/3 以上的地区生长着茂密的芦苇，年产芦苇 300 多万吨，约占世界总产量的 1/3。芦苇全身是宝，如果把三角洲芦苇充分利用，罗马尼亚每人每年可得约 30 千克的人造纤维和 10 千克以上的纸，所以亲切地称其为"沙沙作响的黄金"。多瑙河三角洲还是鸟类的天堂。这里是欧、亚、非三大洲来自五条道路候鸟的会合地，也是欧洲飞禽和水鸟最多的地方，经常聚集着 300 多种鸟类。各路鸟群在此形成热闹非凡而又繁华壮丽的景象。三角洲上，有着奇特的地理现象——浮岛，有名目繁多的植物、鱼类、鸟类和动物，所以科学家又称它为"欧洲最大的地质、生物实验室"。

为二，分别从山丹丹岛两侧流过，最后在布达佩斯边境合二为一。

早在一百万年前，两座山是连在一起的，挡住了多瑙河的去路。在火山地壳运动与河水的冲击下，山脉一分为二，为河水流向平原开通了道路。河的两岸为 300~600 米高的山峰，中间是深谷。由于多瑙湾动植物丰富，自然景色优美，文物众多，因而被列入多瑙 – 伊博伊国家公园的一部分。

多瑙河三角洲

多瑙河流到土耳恰城附近分成基利亚河、苏利纳河、格奥尔基也夫三条支流，冲积成面积约 4 300 平方千米的扇形三角洲。在 6 万年以前，三角洲地区还是碧波万顷的海湾。多瑙河每年挟来大量泥沙，年复一年地在此堆积，现在无数的水道流经芦苇丛中，穿过飘浮着睡莲的神秘大湖，把镶嵌在它们之间的村庄、渔场、农田等联结起来，构成了一个神奇

◆ 多瑙河三角洲特殊地理位置决定了这里动物和植物的多样性

米瓦登湖

米瓦登湖,也称"米湖",位于冰岛奥大达伦熔岩带的北边,是冰岛的第五大湖,面积约 37 平方千米,水深 2.5 米,可以搭船游湖,更可在湖畔钓鱼。由于山的屏障,米湖被视为冰岛最干燥的区域。米瓦登湖是冰岛最重要的旅游区,除美丽的景色之外,还保存有完整的火山地理景观,包括地热、间歇性喷泉、火山口等。由于景观丰富,米瓦登湖于 1974 年被政府规划为特别保留区。

火山围绕的湖泊

雷克塞河从北边将湖水导入大西洋,由于地下是多孔的熔岩,地下水通过岩石缝隙渗入低处,汇集成湖。米瓦登湖中还分布许多奇形怪状的熔岩岛。湖东山坡下有一簇簇黝黑的嶙峋怪石,这些怪石有的状如尖塔,有的状若城堡,簇拥在一个狭长的谷地周围,远远望去,火山口犹如一座雄伟的黑色古堡,这是米瓦登湖的一大奇景。黑色城堡附近还矗立着一座圆锥形的火山喷火口,这一带大大小小的熔岩,就是这个火山喷发的结果。这片火山口的东边,位于山路左边的是一列低丘,上面有一条很宽的岩石缝隙。循岩

◆ 夏季的米瓦登湖

◆ 米瓦登湖畔的乡村，后方的长堤是用来防御雪崩的

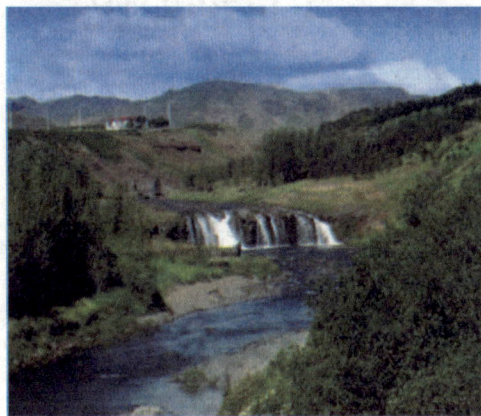

◆ 米瓦登湖保存有完整的火山地理景观，包括地热、间歇性喷泉、火山口等

石缝隙朝前走，起初是一片黑暗，渐渐变得开朗，尽头处会出现一湾开阔的水面，这就是米瓦登湖区的另一胜景——地下温泉。地下温泉的水温常年保持在27℃左右，可终年沐浴。再往东，公路两边有许多缝隙，大者1~2米宽，小者20~30厘米，只见团团水气从洞中冲出，使这一带

的谷地到处都弥漫着黄色的烟雾。较低处，则泥浆滚滚，热气蒸腾，这是米瓦登湖的第三大奇观——克拉夫拉热气田。克拉夫拉热气田的水温高达270℃，是用来发电的最廉价动力。当地政府充分利用这里的热气资源，建起了冰岛第一座地热发电站。

湖中动物

米瓦登湖里聚集着一种极小的水生物，以这种水生物为食的鳟鱼在湖中大量繁殖。米瓦登湖中一些露出水面的熔岩岛上，栖息有各种水鸟，鸣叫不绝，成群结队，是真正的"鸟的天堂"，其中仅野鸭一类就有16种之多，其数量在10万~15万只。

世界上最幸福的国家

冰岛是高福利、高待遇、高税收的国家。冰岛人的贫富差异不大，犯罪率几乎为零。冰岛的良好操作规范排在全世界第4位，远在美国和英国之前。他们待人相当诚恳，热情大度。在当地人家做客的时候，他们待客的热情一点儿不亚于东北人劝酒。冰岛人由于环境无污染和社会竞争力相对较小，通常都很长寿，冰岛妇女是世界上最长寿的妇女，平均寿命为80岁。因而冰岛成为公认的最幸福的国家。

美　洲

　　亚美利加洲,简称美洲,位于西半球,东临大西洋,西濒太平洋,北接北冰洋,南隔德雷克海峡与南极洲相望。总面积4 200余万平方千米。因它是航海家哥伦布于1498年探索去往东方的海上之路时发现的大陆,故又被称为"新大陆"。美洲以巴拿马运河为界,分为北美洲与南美洲。

　　北美洲的地形明显分为三个大的地形带,大陆的东、西海岸均有纵列的山系,两列山系间是平坦辽阔的大平原。北美洲也是北半球跨越寒、温、热三带的大陆,在气候类型的复杂性和多样性上可与亚洲媲美,突出地体现着温带大陆性气候的特点。南美洲大陆的地形也可分为三个地形带,呈南北方向纵行排列:西部为狭长的安第斯山脉,东部为波状起伏的高原,中部为广阔平坦的平原低地。同时,南美洲拥有世界上最长的山脉——安第斯山脉与世界最大的高原——巴西高原。

　　美洲,拥有绝峭伟岸的大峡谷,大自然精雕细刻的冰川……一个个无与伦比的自然奇观,让美洲这个上帝赐予人类的礼物,显示出无与伦比的夺目风采。

卡尔斯巴德洞窟国家公园

卡尔斯巴德洞窟国家公园是位于美国新墨西哥州的由 81 个洞穴组成的喀斯特地形网，面积 189 平方千米，以丰富多样而美丽的矿物质而著称，特别是龙舌兰洞穴，构成了一个"地下的实验室"，在这里人们可以看到地质变迁的真实过程。

◆ 卡尔斯巴德洞窟

洞窟的形成

卡尔斯巴德洞窟国家公园的形成始于 2.5 亿年以前厚层石灰岩沉积的时候，发育在石灰岩中的裂隙和裂缝，渗入其中的水溶解了松软的岩石，刻凿出隧洞和洞穴。后来，石灰岩沉积被抬升，形成瓜达卢普山。溶洞藏身其间的瓜达卢普山高约 1920 米。水从洞穴中流出，并继续下滴，留下的微量矿物质形成石笋、钟乳石及其他滴水岩造型。

别有洞天

卡尔斯巴德洞窟现已发现 81 个洞穴，最深的位于地表下 305 米，最大的一个比 14 个足球场还要大。整个溶洞群长近百千米，分为三层，山体内地上 330 米处一层，地上 250 米一层和地上 200 多米处一层。洞穴中的钟乳石千姿百态，令人目不暇接，引发无数遐想。钟乳石都有形象的名字，如"恶魔之泉""国王宫殿""太阳神殿"等。另外，洞穴中还有岩帷幕和洞穴珍珠，前者轻轻击打能发出悦耳

[45]

的声音,后者是小沙粒外层裹上了一层碳酸钙,形成有光泽的石球,如珍珠般璀璨。最吸引人的是巨室洞穴,1 200米长,188米宽,85米高。四壁的钟乳幔将其装点得犹如一座豪华的宫殿。沿着长4.8千米的小路迂回曲折,走过一系列"之"字形的线路后从主走廊下降253米,可到达第一个也是最深的一个洞穴,名为绿湖厅,其以位于洞中央的艳绿色水潭而得名,该洞穴布满精美的钟乳石,包括一处令人难忘的小瀑布,它与钟乳石相连形成一个圆柱,被贴切地称为"蒙上面纱的雕像"。"皇后厅"设有奇异的帷幕,那里的钟乳石相拥而长,形成一道光线能照透的石幕,"太阳寺"的滴水岩造型由黄色、粉色、蓝色等有着柔和色彩的钟乳石组成,"忸怩的大象"看起来像一头从背部到尾部

◆ 史前岩画

的大象,著名的"老人岩"是一个巨大的钟乳石,孤独、雄伟地站立在其黑暗的壁龛中。

蝙蝠之洞

黄昏时候,卡尔斯巴德的洞口会出现一种不可思议的景观,数百万只蝙蝠从卡尔斯巴德洞口处的栖息地——阴冷黑暗的洞穴中振翼飞出,在黑暗中捕食昆虫,挡住了整个卡尔斯巴德洞口。尽管其数量众多,但绝不会碰撞,因其有一种复杂的超声波回声定位的能力。看到这一奇观的人能听到其振翼的飕飕声和吱吱的叫声,但蝙蝠的天然声纳系统发出的声音频率远远高于人能听到的。

◆ 丰富多彩的洞窟世界

拱门国家公园

拱门国家公园位于美国犹他州东部的科罗拉多高原上，峡谷地处国家公园东北部。公园成立于 1971 年 11 月 12 日，占地面积约 300 平方千米。在犹他州五个国家公园中，其面积仅大于布莱斯峡谷国家公园，居倒数第二位。

◆ 所谓"拱门"，就是由砂岩所形成的石门，暗红的砂岩像石壁一样，给大地增添了颜色和变化

奇观成因

追溯拱门国家公园的地质史，远在一亿五千万年前，这里曾经是个内陆海，沉积物不断地从四周倾注于这片洼地，后来地盘隆起，内陆海消失，原本海底积存的盐分因融解而渗入岩石的节理中。水分蒸发后，盐颗粒在节理中结晶而增压，导致这些沉积岩循节理风化崩解，由表及里一片一片剥落，最终形成被称为"鳍状岩"的纤细岩墙。

拱门的发育与这种鳍状岩有密不可分的关系。这些纤细的垂直岩墙表面有许多节理，自然力就循着这些岩石最脆弱的地方，不断地进行风化作用，鳍状岩先是被贯穿成小孔，继而扩大成大洞。同时，雨水也是岩拱形成的关键因素，犹他州东部地区的降雨量虽然很小，但却至关重要。冬季，岩层中的水受次序结冰而膨胀，使岩石颗粒和薄片脱落，出现了孔洞。随着时间的流逝，水以雨水、融雪、霜露、冰等形式渗入，使孔洞进一步扩大。千百年后，洞中的岩石大块地脱落，巨大

◆ 在占地 310 平方千米的拱门国家公园里，超过六百座天然拱形石桥散布其间，各有特色。它们是结合了大自然的风化及侵蚀力量，浑然而成的壮丽景观

"景观拱门"与锡安国家公园的"柯洛伯拱门"并称世界两大天然石拱。但其最薄处仅有 1.8 米，外形宛如一条细长的丝带，以优雅的姿态衔接着两侧的岩壁，悬浮在半空中，彷佛在向地心引力挑战。至于"纤美拱门"造型，则更是一绝，形似倒置的"U"字，屹立于一个天然的圆形剧场边缘，南侧则紧临峭壁，早期拓荒者见其形怪异便称之为"老处女的灯笼裤"。拱门全高 14 米，两拱柱间最宽处有 9.8 米，东侧拱柱的"膝盖"处，仅有 1.8 米，给人以行将崩塌之感。

的石拱就这样形成了。呈拱形的风化孔洞要达到多大，才能称为"拱门"？根据国家公园管理处的界定：从任何一个角度来观测，其跨距须达到 0.914 米才能以此命名。

气势恢弘的拱门

公园内 2 000 多个拱门中，跨距最长的拱门是"景观拱门"，足足有 93 米长，

生态环境

每年的春季到秋季，拱门国家公园中的荒野间四处都布满了色彩斑斓的各种野花，哺育这些野花的是冬季的融雪或雨水，它们不浪费每一缕能够享受到的阳光，快乐而坚强地绽放着娇柔的美丽。这块看似粗犷的土地还是野生动物的家园，这里生活着许多典型的沙漠动物，从收获蚁、眼镜蛇到美洲狮，无所不有。

今日我们在公园内所见的所有天然奇景，在地质年代不久的将来可能都会崩塌而美景不存。虽然老的石拱不断凋零，但新一代的石拱却在逐渐成形，自然或许会雕凿一批更令人赞叹的杰作出来。

化石林
国家公园

美国亚利桑那州东北部有一座奇特的森林，这片森林树木粗大却不见青枝绿叶，年轮密集却不见生长枯荣，这里就是世界上最大的化石林——美国化石林国家公园。

◆ 这些石化的树木，年轮清晰，纹理斐然，令人眼花缭乱，叹为观止

公园概况

化石林国家公园位于美国亚利桑那州北部阿达马那镇附近。在公园里，数以千计的树干倒卧在地面上，直径平均在1米左右，长度在15~25米，最长可达40米。在完整的树干周围，还有许多破碎零散的圆柱形木块。这些石化的树木，年轮清晰，纹理清晰，宛如大块碧玉与玛瑙之间，夹杂着一片碎琼乱玉，阳光之下熠熠发光，令人眼花缭乱，叹为观止。公园内这样密集的"森林"有6片，最美丽的一片被称为"彩虹森林"，其他分别为"碧玉森林""水晶森林""玛瑙森林""黑森林"和"蓝森林"。

◆ 大自然的风吹、日晒和雨淋把已经石化的树干从地层深处剥离现身，一片片白色的岩石晶体在阳光的照耀下折射出炫目的色彩

◆ 远古树木的木质细胞经矿物填充和代替后，被溶于水中的铁、锰的氧化物染上黄、红、紫、黑和淡灰等颜色，最后形成了今天镶金叠玉的化石树。

彩色沙漠

化石林国家公园中，最不可错过的景致要数一片令人惊叹的"彩色沙漠"了。"彩色沙漠"这片自然天成的奇怪是由来此探险的一群西班牙探险家最早发现的。当看

◆ 化石林区时常能看到各种野生动物。

到这片拥有雨后彩虹般鲜艳多变色彩的"岩石"后，探险家们不禁目瞪口呆，于是给这片岩石地取名为"彩色沙漠"。在"彩色沙漠"里，光秃起伏的

沙丘地满是简单呆板的土黄色，满是亘古不变的沉默与萧条，但屹立在沙丘上的这片彩色岩石林却改变了这里的单一与乏味，使荒漠变成一个色彩斑斓、炫人眼目的神奇地域。但是，随着游人的闻名而至，很多美丽的晶体被开采并被带走，原来随地可见的半透明的紫水晶色、雾白色、柠檬黄色的晶体已很难看到了。

由木到石的蜕变

这些雄壮而斑斓的化石森林是怎样形成的呢？实际上，这片化石森林原是史前森林，约在1.5亿年前的三叠纪年代，这里本是林木桑桑、绿荫千里，但在某一年的雨季却突遇百年罕见的特大洪水，由于洪水的冲刷裹带，高大的树木有的倒伏，有的被折断，逐渐被泥土、沙石和火山灰掩盖，被掩埋的树木因缺氧而没有腐烂，它的木质细胞被矿物质填充，又被溶于水的铁、锰氧化物染上黄、红、紫、黑和淡灰等颜色，之后又经过数亿年的地质变迁，沧海桑田，陆地上升，这些埋藏地下的树干重见天日，为我们呈现了一片五彩斑斓、镶金叠玉的化石林。

古印第安人的乐园

公园里还发现有陶器碎片，据考证，早在公元6—15世纪，已有从事农业生产的印第安人在此生息。此地的居民还曾用化石树做成房屋和桥梁，现有几处印第安人废墟和经过重建的印第安人村落供游人参观。在"报纸岩"上，可以看到在大块沙石上雕刻的各种花纹，有史前时期的巨狮石刻及人形和其他含有宗教或部族象征意义的图案。

◆ 莫雷诺冰川是世界上最壮观的冰川,水面上方浮着一堵高达 70 米的"冰墙",绵延 30 千米,总面积达到 257 平方千米

阿根廷
冰川国家公园

阿根廷冰川国家公园位于南美大陆安第斯山脉南段,这里有除南极大陆和格陵兰岛以外世界上面积最大的冰原。这里气候寒冷,积雪终年不化,为冰原的形成创造了十分有利的气候条件。公园面积 4 457 平方千米,西接智利国界,自北而南有多座山峰,这些山峰是区内多条冰川的发源地。公园东部湖泊星罗棋布,是多条冰川的汇集之处,它们都是在第四纪冰川时期形成的冰川湖,也是所有冰川的归宿。

莫雷诺冰川

莫雷诺冰川是公园内唯一还在发育的冰川,它长 35 千米,前缘为一道宽 4 千米、高 60 多米的冰坝,它矗立在湛蓝的阿根廷湖水面之上,蔚为壮观。莫雷诺

冰川每隔两三年就会将阿根廷湖截断一次,致使湖面水位上升,直到水流在冰坝底部冲出一条深沟,导致冰坝崩塌,湖水重新畅通,水位随即恢复正常。冰坝坍塌后,冰川继续向前推进,经过数年又会截

◆ 人们把莫雷诺称为"仍存在生命的冰川"，这个大冰川每天都不断向前推进

断湖面，淹没湖泊四周的山谷森林，周而复始，这一景象已经持续了几十年。巨大的冰坝崩塌时，会发出雷鸣般的轰响，湖面激起的波涛猛烈地冲击湖岸，惊心动魄，这样的奇景每次只能持续 1~2 天。

会移动的奇观

阿根廷冰川国家公园令人称奇之处是它的变幻无穷。冰川平均每天移动约 30 厘米，并且每隔十分钟左右，就会听到一声巨响，接下来一块重达几千斤的冰块就会落于湖面上。冰山在融化之前，通常可以沿下游漂流好几英里。在全世界的各类奇观中，这种能够"移动"的奇观是绝无仅有的。其中最具代表性的要数乌普萨拉冰川。乌普萨拉冰川是公园内的冰川

群中最大的一座冰川，其前端伸展到阿根廷湖北端，常有澄蓝的巨大冰山落入湖中，致使湖面上漂浮着由冰川崩裂而成的大小不一、形状各异的晶莹冰块。有的冰块形成冰墙，高 80 多米，缓缓向前移动，速度平均每天 2~3 米。它们在阳光下，反射、折射出耀眼的光彩，虚幻迷离，美不胜收。

两组植物群

阿根廷冰川国家公园的植被主要由两个界限明显的植被群组成：亚南极的巴塔哥尼亚森林和草原。森林中主要的植物种类包括南方的山毛榉树、南极洲假山毛榉、晚樱科植物、虎耳草科植物、酷栗属植物等。巴塔哥尼亚草原由东而始，有一大片针茅草丛，其间散布着一些矮小的灌木丛。海拔 1 000 米以上的半荒漠地区长有旱生植物垫子草，更高的西部区域则由冰雪覆盖的山麓和冰川组成。

◆ 阿根廷冰川国家公园生活着不少稀有或濒临灭绝的动物，有分趾蹄鹿、水獭、矮鹿、羊驼、秃鹰等

科罗拉多大峡谷

◆ 峡谷岩壁的水平岩层清晰明了，这是亿万年前的地质沉积物，如同树木的年轮一样，为人们认识地质变化提供了充分的依据

科罗拉多大峡谷位于美国西部亚利桑那州科罗拉多高原，大峡谷面积2 724.7 平方千米。科罗拉多河从大峡谷内的谷底流过，河谷两侧尽是悬崖峭壁，绵延长达 350 千米。科罗拉多大峡谷大体呈东西走向，平均深度超过 1 500 米，最宽处达29 千米，最窄处仅有 100 多米，被誉为"世界上最雄伟的奇景"。

静穆的书卷

科罗拉多大峡谷是天然的"地质博物馆"，峡谷两侧的悬崖峭壁由各种颜色、代表不同地质年代的岩层叠成，其构造和颜色迥然不同，包括砂岩、页岩、石灰岩、板岩和火山岩。它们像亿万卷书一样层层叠叠地构成线条曲折的图案，随着峡谷的迂回而盘延，向人们揭示着大峡谷地区 20 多亿年来"高岸为谷，深谷为陵"的沧桑巨变。大峡谷的景色极为美丽壮观，它蜿蜒曲折，危崖高几百米，到处沟壑纵横，气势雄伟。质地不一的岩石的颜色随着一年中不同季节里植被、气候条件的变化而变化，有时呈淡紫色，有时呈深蓝色，时而乳白，时而赤橙，时而又变为棕黄色。甚至在同一天里，大峡谷的岩石也会因时间的不同而呈现出不同的景色：在晨光霞蔚中，色调柔和鲜亮；在暮霭阴霾里，则苍茫迷幻。

科罗拉多大峡谷以其规模巨大、丰富多彩而著称。同时，它在地质学上具有重要的意义：保存完好并充分暴露的岩层，从谷底向上整齐地排列着北美大陆从元古代到新生代不同地质时期的岩石，并含有丰富的具有代表性的生物化石，俨然是一部"地质史教科书"，记录了北美大陆的沧桑巨变和鲜为人知的生物演化进程。

◆ 奔流不息的科罗拉多河在高原上切割出一条条深邃峡谷

水过石穿

如果站在大峡谷边缘，几乎看不出科罗拉多河水在流动，令人不可思议的是，科罗拉多看似平静的河水竟是科罗拉多大峡谷这一地球表面巨大创伤形成的原因。数百万年来，科罗拉多河就像一把连续不断的链锯，每天都在切割着大峡谷底部的岩层，使大峡谷不断地变深

◆ 科罗拉多河在谷底绵延流淌，波光闪烁，仿佛是一条碧蓝的彩带

变宽。与大峡谷岩层的古老相比，新生的科罗拉多河在高原上奔流，沿途冲蚀切割岩石表面。同时，由于地壳活动使岩石渐渐隆起，科罗拉多高原缓缓上升，在500万年间竟升高了1 000多米。河水挟带的沙砾摩擦峡谷，把峡谷侵蚀得越来越深。同时，岩层继续隆起，河道两边的峭壁越来越高。

生态环境

在大峡谷一水之隔的南北两壁，自然环境迥异。南壁海拔1 800~2 100米，气候干燥，植物稀少；北壁高出南壁400~600米，气候寒湿，林木苍翠，冬季冰雪覆盖；谷底气候干热，呈现半荒漠景观。上千种植物分布在大峡谷上下，呈现明显的垂直分带，谷底的亚热带仙人掌、半荒漠灌木，向上依次更替为温带和亚寒带的桧树、橡树、松树、云杉和冷杉林。

沃特顿冰川国际和平公园

在山石嶙峋的加拿大阿尔伯塔省南部、美国蒙大拿州西北部，雄伟的落基山脉秘密地隐藏着一件大自然以百万年的时间和心力创作的艺术品，这就是素有"落基山脉上的皇冠"美称的沃特顿冰川国际和平公园。

◆ 这里的冰川形成于 200 万年前的冰川时期，有 3 000 多处，可谓冰川林立

◆ 美丽非凡的沃特顿湖引来了不少探险者

公园概况

沃特顿冰川国际和平公园是拥有冰河期地形的山岳自然公园。沃特顿国家公园在加拿大境内，冰川国家公园在美国境内，这两座公园在地理上浑然一体，只不过被国界线隔开。为了更好地保护自然环境，1932 年横跨两个国家的公园被统一命名为"沃特顿冰川国际和平公园"。沃特顿冰川国际和平公园坐落于落基山脉，面积 4 576 平方千米。远古时期，这里曾经是茫茫大海，后来由于造山运动，才隆起为高山。在 200 万年前的冰川时期，巨大的冰川刻蚀山岩，形成了 3 000 多处两侧岩壁笔直陡峭、底部宽阔的冰川谷山谷及 650 多个湖泊，主要有沃特顿湖、罗乌亚湖、米德尔湖、阿帕湖、森特·梅里湖和麦克唐纳湖等。这些湖泊相互贯通，美丽非凡。

[55]

特殊的冲断层

在沃特顿冰川国际和平公园区内和沉积岩中发现了大量奥陶纪、寒武纪的海洋生物化石。和喜玛拉雅山脉一样，这些巍峨雄伟的山脉，在亿万年前却是一片海洋，泥沙、生物残体等沉淤海底，日积月累逐渐变得坚硬，形成厚厚的石灰岩、泥岩和砂岩层。地球地壳板块相互冲撞、挤压，海底岩层隆起，露出海面，形成众多的山脉链，这就是最初的落基山脉。造山的活动至今仍没有结束，大约 6 000 万年前，地壳板块再次相互挤压碰撞，强大的压力使山脉岩层开始弯曲、折叠，最终断裂。这时，一块巨大坚硬的岩石板块在压力的推动下，从西向东被楔进另一块岩石板块，楔入部分足有 480 千米长，数千米厚，楔入深度为 80 多千米，这就是著名的"刘易斯上冲断层"。

世界上以同样的地质作用造就出的山脉很多，但能与"刘易斯上冲断层"媲美的却寥寥无几。通常，上冲断层的结构多为"老岩石"楔入"新岩石"，而在"刘易斯上冲断层"中，楔在里面的白垩纪岩，要比躺在表面的原生代岩年轻 15 亿年，这种现象实属罕见。更珍贵的是，历经几千万年，断层的原始岩层结构却依然保存完好，因此"刘易斯上冲断层"成了科学家探究地质历史的窗口。

区内植被

美洲大陆的分水岭——落基山脉从公园中央穿过，在山脉两侧，雨量充沛，气候潮湿而寒冷，这种气候孕育出了苍翠浓郁的雨林。沃特顿冰川国际和平公园生长着 1 258 种乔、灌木和 275 种地衣植物，其中 18 种是这里特有的。道格拉斯冷杉、美国侧柏等生长在海拔 1 800 米以上的地区。"落叶松之王"是北美西部的大树中最出色的一种，它秀美、壮丽，是世界所有落叶松之冠，它的高度可达 60 米，地面处的树干直径有 1.5 米，没有任何树木能把枝条伸到它的树冠顶上。在冰川的植物王国中，它仿佛是这里的国君。

◆ 沃特顿冰川国际和平公园包括很多典型的冰川湖，高山风景绮丽，动植物资源丰富

夏威夷火山岛

夏威夷群岛位于北太洋中部,由8个大岛和100个小岛组成,群岛的形成与海底火山活动有关。夏威夷岛是群岛中最大的岛屿,岛东南部耸立着两座高山:一座是莫纳罗亚火山,一座是基拉韦厄火山。从大约70万年前到现在,这两座火山一直很活跃,会不时喷发。

◆ 基拉韦厄火山持续不断涌出的大量岩浆已经在夏威夷岛东南部形成几个新的黑沙滩并使岛的面积不断扩大

形成过程

在70万年前,海洋热泉发生了一次剧烈爆炸。所谓热泉,是指地球内部有异乎寻常的热度熔岩的地方。而夏威夷之所以有着如此奇异的地貌,正是因为它处在一处热泉的正上方。太平洋板块在夏威夷热泉的上方缓慢移动,所到之处造成了无数次的火山喷发。热泉爆炸时会产生大量的岩浆,这些岩浆冷却以后,不断积累增高,最终形成一系列岛屿,而夏威夷群岛的形成,用了几万年的时间。时至今日,夏威夷群岛的面积仍在不断扩大。

由于岛屿是在极端的热能爆炸中产生的,所以整个夏威夷群岛都是由从水下喷发、最终达到洋面的火山形成的。观察夏威夷地区的海底,会发现许多古老的死火山绵延数千里,成为一条线,这便是著名的帝王海岭。

基拉韦厄火山

基拉韦厄火山海拔1 247米,是一座活火山,至今仍经常喷发。其破火山口直径4 027米,深130米,其中包含许多火山口,整个火山口好像是个大锅。在破火山口的西南角有一个火山口,直径约1 000米,深400米,其中有沸腾的炽热

◆ 基拉韦厄火山是世界上活动最强烈的活火山之一

泡从一个长达千米的缺口处喷射出来，持续时间达1个月之久。岩浆喷出的最大高度超过了纽约的帝国大厦。

在夏威夷火山公园的另一个尽头，地球内部最热情的力量终于化为平静，那就是海洋。当烁热的岩浆从火山口喷出，沿着山脊流动，它们不会遇到任何阻挡，直到海边。流动过程中外层的岩浆会凝固，这样就如同形成一个中空管道，里面的岩浆可以以液态形式继续流动。当遇到海水时，冷热空气在一瞬间对撞，形成剧烈爆炸，在一阵烟雾升腾后，海岸线上又多了一块岩石，这恐怕是地球上最年轻的陆地了。

熔岩，是个熔岩湖。熔岩向上喷发时，可形成"熔岩喷泉"，熔岩涌出火山口时，可形成"熔岩瀑布"。基拉韦厄灿最近的一次大规模爆发是在1983年1月，从那以后，它一直在兴奋状态中，不断有岩浆喷出。

莫纳罗亚火山

莫纳罗亚火山海拔4 170米，是从水深6 000米的太平洋底部耸立起来的，从海底到山顶高度超过万米，是夏威夷岛上的第一大火山。频繁地喷发带来了大量的熔岩，使得山体不断增大，有"伟大的建筑师"之称。莫纳罗亚火山是一座典形的盾形火山，每隔一段时间便会爆发一次。在过去200年间，莫纳罗亚火山约喷发过35次。在山顶上，可以清晰地看到好几个锅状的火山口。1959年11月，火山爆发的熔岩冒着气

◆ 基拉韦厄火山溶岩流

落基山脉国家公园群

◆ 落基山脉有许多一流的世界级景观:高耸的雪峰、巨大的冰原、色彩迷人的湖泊,以及众多的野生动物

落基山脉是世界上最长的山脉,北起阿拉斯加,穿过加拿大、美国,在墨西哥消失。落基山脉国家公园群位于加拿大西南部的艾伯塔省和不列颠哥伦比亚省,是世界上面积最大的国家公园。它包括贾斯帕、班夫、库特奈等国家公园,以及汉帕、罗布森、阿西尼伯因等省立公园,是落基山脉中最美丽的地区。

贾斯帕国家公园

贾斯帕国家公园是公园群中面积最大的国家公园,位于落基山脉最北边,占地 10 878 平方千米。公园中遍布湖泊、高山草原、原始森林,景色粗犷迷人。发源于哥伦比亚冰原的阿萨巴斯卡河流经这里,河水流入大奴湖、马里奴湖。贾斯帕公园内有水温为 54℃的斯普林格斯硫磺温泉,还有超过 1 200 千米长的日间或过夜远足道路及山景观光公路。贾斯帕国家公园有一个名湖,叫马林湖,湖中蓄有冰河流出的水,四周的雪峰倒映在湖中,显示出神秘的气氛。湖中有一座岛,岛上青松翠柏,与蔚蓝的水色相映,形成落基山脉最幽静的风光。

班夫国家公园

班夫国家公园位于落基山脉东坡,

是加拿大第一座国家公园。1885 年，当横贯加拿大的太平洋铁路修到落基山脉时，几名铁路工人在这里发现了大量的硫磺温泉，工人们在温泉中浸洗以后，不但消除了疲劳，而且有些疾病也消失了，故有"浸泡 10 日，多年拐杖即可丢弃"之说。由于这种温泉具有很高的医疗价值，加之周围风景如画，政府便通过法令将这一保护区扩大，并建成了今天的国家公园。现在的班夫国家公园面积有 6 680 平方千米，包括山峰、草原、湖泊，还有落基山脉东端延伸 240 千米的冰川。露易斯湖是班夫公园景色最诱人的地方，露易斯取自当年加拿大总督夫人的名字，印第安人称之为"小鱼湖"。由于平静的湖面像一块晶莹剔透的蓝宝石，无比美妙，湖水随光线明暗变化，由蓝变绿，漫湖碧透，因此又叫翡翠湖。据说，它是世界上最美的湖泊，故有"加拿大落基山脉之宝石"的美誉，被选为加拿大 20 加元

纸币的图案。

库特奈国家公园

库特奈国家公园位于不列颠哥伦比亚省，园中有众多冰川、冰川谷和冰川湖。斯蒂温山的巴鸠斯页岩化石层中，有保存得非常好的寒武纪化石，其中有古生物的软体部位，非常珍贵。据推断，这些化石的年龄已经有 5.3 亿年。

国家公园内的山脉都很年轻，约在 7 000 万年前形成。落基山脉嶙峋的棱角与流动的冰川形成了奇特的对比。冰川从冰原缓缓滑下，把岩石磨为粉末，面粉般的岩屑碎覆盖在冰湖上。有着美丽传说露路易斯湖由冰川供应水源，景致之美，令人赞叹。悬浮在水中的冰砾反射光线，把湖色映照得如同璀璨的绿宝石一般。冰冷的融水通过岩石渗进地壳缝隙中，经受高温高压后又渗回地表，形成富含矿物质的温泉。

◆ 班夫国家公园是加拿大第一座国家公园和著名的避暑胜地。园内遍布着冰峰、冰河、冰原、湖泊，高山、草原和温泉等多种不同类型的景点散落其间，其秀水奇峰在加拿大实不多见，亦居于北美大陆之冠

雷尼尔山

雷尼尔山位于美国华盛顿州西部，西雅图的南面，是美国最高的火山，也是世界上最雄伟的山岭之一。雷尼尔山不仅是华盛顿州的地标，许多器物皆以此山为图案，而且对该州的人而言，更带有几分神秘的色彩。

◆ 雷尼尔山是世界上最雄伟的山岭之一，其山峰高 4 392 米，比邻近高峰高出近 2 500 米

冰火雷尼尔

雷尼尔山为喀斯喀特山脉的高峰，山峰高 4 392 米，比邻近高峰高出近 2 500 米。拥有除阿拉斯加以外最大的单一冰河以及最大的冰河系统。由于太平洋吹来的东风湿度较高，地球上有史以来全年最大的降雪量就出现在这里。雷尼尔山是一个古老的山峰，它已有 1 200 万年的历史。在数万年的冰川时期，冰雪覆盖了山顶，随着数万年来冰川的移动与切割，雷尼尔山的容貌与生态不断变化。山岳冰河源头因冰雪压力和侵蚀形成的凹地，称为冰斗、冰斗湖、冰河谷、冰碛石、冰碛平原、外洗平原。山顶终年冰封积雪，有 27 道冰河向四面放射而出。雷尼尔山同时也是一个包覆着超过 91 平方千米雪和冰的活火山，火山为圆锥形，基盘为花岗岩，火山体为安山岩，是美国最大的单峰冰山。冰河作用形成许多壮丽的湖光山色，为人们提供了接近自然、崇尚自然的机会。雷尼尔山第一次爆发在距今约 70 万年前的冰河时期。8 月的雷尼尔山的山顶仍然覆盖着冰雪。

"天堂"与"日出"

　　"天堂"及"日出"是雷尼尔景区内的两大著名景点。"天堂"高约1 402米，在位于雷尼尔山西南方的隆迈尔山的北面。这里地势高峻陡峭，依山转过几个弯，便是被人们称为"天堂"的景点，也是雷尼尔山国家公园内最受欢迎的一处景点，除了有壮美的山景，还有潺潺的流水、清丽的瀑布和湖泊，动静之间，韵味无穷。在"天堂"的南边和西南边分别是倒影湖和那拉达瀑布，再北边一些则是天堂河，知名的尼斯卡利冰河和天堂冰河从这里流过山麓。位于雷尼尔山北边的"日出"，则是国家公园内最高的景点，也是观赏山景最佳的地点。在这里不但可以欣赏到冰河

◆ 被冰雪覆盖的雷尼尔山

的壮丽奇景，还可以眺望公园内秀丽的贝克山及太平洋。

山腹花园

　　在山腹的草原地带是一大片绵亘的原始森林，湖泊、瀑布错落其间，每到七八月，冰雪融化、花开满山，宛若一片美丽的花园。高大茂盛的树木在阳光的照射下显得层次分明，这里的特有的高山植物有高山铁杉、银杉、白松、黄柏、英格曼雪杉等。其他灌木有山石南、冰川百合、极地羽扇豆、象头花、红毛笔花等。海拔2 600～2 800米处为高山草甸，更高处则为永久积雪和冰川。

◆ 雷尼尔国家公园内散落著许多幽静的湖泊

大雾山

大雾山密布的溪流 ◆

大雾山是美国阿巴拉契亚山脉西部的一段，在北卡罗来纳州西部和田纳西州东部之间。大雾山东接蓝岭山脉，最高段在大雾山国家公园内。大雾山的地貌特征、生物演化和物种多样性使大雾山国家公园成为世界上最好的自然保护区之一。

绮丽的大雾山

大雾山气候极佳，为动植物的生存提供了充分的环境条件及物质基础。大雾山有着充沛的降雨和密布的溪流，10条大瀑布和众多小瀑布是这里的一大美景。"大雾山"因山林上空总是笼罩着终年不散的烟雾，烟雾闪烁着浅蓝的光芒，弥漫在整个低地山峦，故而得名。这片郁郁葱葱的原始森林像一块未经雕凿的美玉，寂静而持久地展示着自己的原始美

貌。在每天的不同时刻，大雾山的山雾都会呈现出不同的景象：清晨，大雾充满整个山谷，只有高处的山峰影影绰绰；中午，山雾变成了缕缕轻烟，缓缓地滑过山腰；日落时分，山雾又成了玫瑰色的云帘，映衬着夕阳下紫色的山岭。

动植物资源

大雾山国家公园保存着世界上最完好的温带落叶林，形成于古生代时期。第四纪冰川时期，北美洲植物大量繁殖于此，如今在公园里仍存有大片北极第三纪孑遗植物，许多物种是世界上绝无仅有的。这些植物与在太平洋对岸发现的植物具有某种联系，这证明了地质历史时期树木和花卉通过大陆桥从亚洲向美洲的迁移。"烟囱山"也代表了大约300万年前地球发展历史上的一个重要时期，当时超级大陆碰撞导致地壳隆升，形

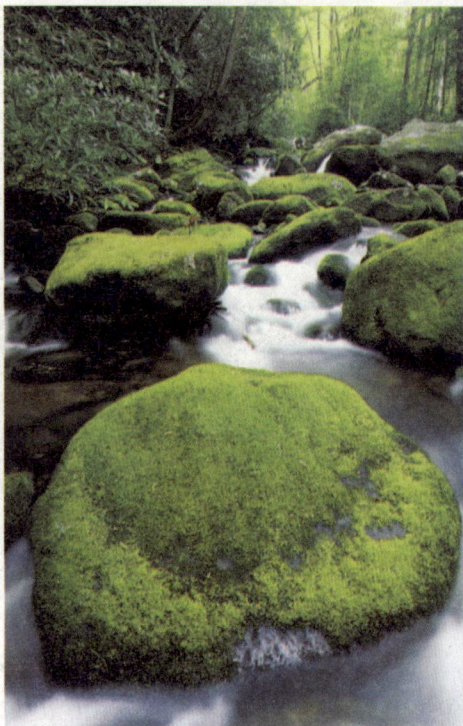

森林覆盖。这里有树木 130 种，花卉 1 520 种，维管植物 1 450 种，地衣、苔藓、地钱和菌类等不计其数，植物资源极其丰富。山中多变的地形地势为植被的生长演化提供了良好的环境，植物群落随着海拔高度的改变而发生明显的变化。红松林覆盖在山岭和峰顶上，黄桦、铁杉、银钟花、七叶树、野黑樱和郁金香等生长在低矮坡地的小溪间。大雾山的动物种类同样丰富多样，公园中有黑熊和美洲狮等哺乳动物 30 多种，鸟类 200 余种，濒临灭绝的游隼就生存在这里。园内有种类繁多的两栖类动物，仅蝾螈就有 27 种之多，其种类之多号称世界之最，其中红腹蝾螈是公园特有的品种。此外，还有龟 7 种、蜥蜴 8 种、蛇 23 种。

◆ 这片郁郁葱葱的原始林地像一块未经雕凿的美玉，寂静而持久地展示着自己的原始美貌

成连绵起伏的山脉，此后在侵蚀作用下，这些山脉被风化削平。这里的地貌特征、生物演化和物种多样性都使这个公园成为最好的自然保护区之一。

大雾山国家公园由于未被人类破坏并且公园内的土壤肥沃、降水丰富，因此为植物提供了一个相对有利的生长环境。这里拥有 3 500 种特有植物和许多濒临灭绝的动物，尤其是在这里发现了世界上最大的鲵群。大雾山国家公园 95 % 以上的面积被

◆ 大雾山四季都是旅游的好季节：春天，山花烂漫；夏天，可在清凉的溪流边露营；秋天，树叶纷飞；冬天，宁静可人

伊瓜苏
国家公园

◆ 层层叠叠的瀑布环绕着一个马蹄形峡谷咆哮着倾泻而下，激起的水雾弥漫在密林上空，奔流而下的水流声几千米外都能听见

伊瓜苏国家公园位于阿根廷东北部和巴西南部两国交界处的玄武岩地带，跨越阿根廷和巴西国界，世界上最壮观的瀑布之一的伊瓜苏瀑布就位于这个地区的中心。瀑布产生的云雾滋润着葱翠植物的生长。许多小瀑布成片排开，层叠而下，激起巨大的水花。这里生长着 200 多种维管植物的亚热带雨林，许多稀有和濒危动植物物种在公园中得到保护，这里是南美洲有代表性的野生动物貘、大水獭、食蚁动物、吼猴、虎猫、美洲虎和大鳄鱼的快乐家园。

伊瓜苏河

伊瓜苏河发源于巴西境内大西洋沿海地带，全长 1 320 千米，共有 30 条支流、70 条瀑布。它沿途汇集了大溪小流，穿过维多利亚山口，浩浩荡荡、汹涌澎湃地流过巴拉那高原，以雷霆万钧之势向巴西和阿根廷交界的平原奔腾。在突然受到阿古斯丁岛的阻滞时，河道为之铺宽达 3 千米，形成一个水深仅 1 米左右的湖面，湖水流到绝壁时，飞泻成一大瀑布群。伊瓜苏河绕过急弯流到这里，宽度大增，滔滔河水下泻，声闻三四千米外。1、2 月盛夏雨季，每秒钟流过悬崖的水量可以注满 4 个奥林匹克泳池。其中最高的联合瀑布直泻气势惊人的魔鬼咽喉谷，那原是一道断层裂缝，经河水冲刷而成深谷。河水经此转过两个 90° 大弯，流过湍滩注入巴拉那河。

伊瓜苏瀑布群

伊瓜苏瀑布上方的伊瓜苏河宽约4千米,河水就在壮观的新月形陡崖处倾泻而下。大大小小的瀑布径直插入82米深的大谷底,另一些被撞击成一系列较小的瀑布汇入河流。这些小瀑布被抗蚀能力强的岩脊击碎,腾起漫天的水雾,艳阳下浮现出闪烁不定的绚丽彩虹。

伊瓜苏瀑布距伊瓜苏河与巴拉那河汇流点约23千米。它是南美洲最大的瀑布,也是世界五大名瀑之一。瀑布呈弧形,平均落差72米,共有275股大大小小的瀑布,组合成三大瀑布群,平均每秒流量1 750立方米。位于中部的瀑布群最高、最壮观,名叫"鬼喉瀑",因该瀑布在泻入深渊时发出的轰鸣声加上深渊内震耳欲聋的回声令人惊心动魄,故得此名。

北翼的瀑布群在巴西境内,是两层平台组成的大小瀑。南翼的瀑布群则在阿根廷境内,是两组双层的瀑布群。汛期,三大瀑布群连成一道垂挂于峭壁之

◆ 伊瓜苏瀑布直泻谷底,水声如雷,溅起的水花高达百米

上的天幕,水天一色,极其壮观。伊瓜苏瀑布地处热带季风气候区,每年11月到次年3月为雨季,这时伊瓜苏河水位猛涨,每秒流量1万多立方米的巨大水量覆盖崖壁,共同汇成一道半圆形水幕,狂泻而下,其声势之浩大,如万马奔腾。伊瓜苏瀑布直泻谷底,水声如雷,溅起的水花有90多米。

峡谷雨林

瀑布后的岩架长满颇像地衣的水生植物。峡谷两旁是又热又湿的雨林,林中长细丝状的蕨类植物、竹子及棕榈、松树等乔木,像巨大的绿披肩,遮掩着阶状岩架。苔藓开喇叭花的藤本植物和凤梨科植物与树木互相映衬。颜色瑰丽的金刚鹦鹉和数百种蝴蝶在绿荫下飞舞,浪漫而迷人。

◆ 伊瓜苏瀑布飞花溅玉,水势浩荡,飞流震响,蔚为壮观

北喀斯喀特山国家公园

北喀斯喀特山国家公园位于美国华盛顿州的西北部与加拿大接壤之处，公园面积 2 738 平方千米。这里以高山景观见长，拥有数以百计的冰瀑、高峰、峡谷和湖泊等。在幽深的峡谷中，森林密布，山坡上生长着石楠属植物，高山冷杉丛生，山顶绿草如茵。斯卡吉特河横贯公园的中部，河上由罗斯、代亚布洛和戈吉三座水坝形成广阔的湖泊，山光水色，秀丽动人。

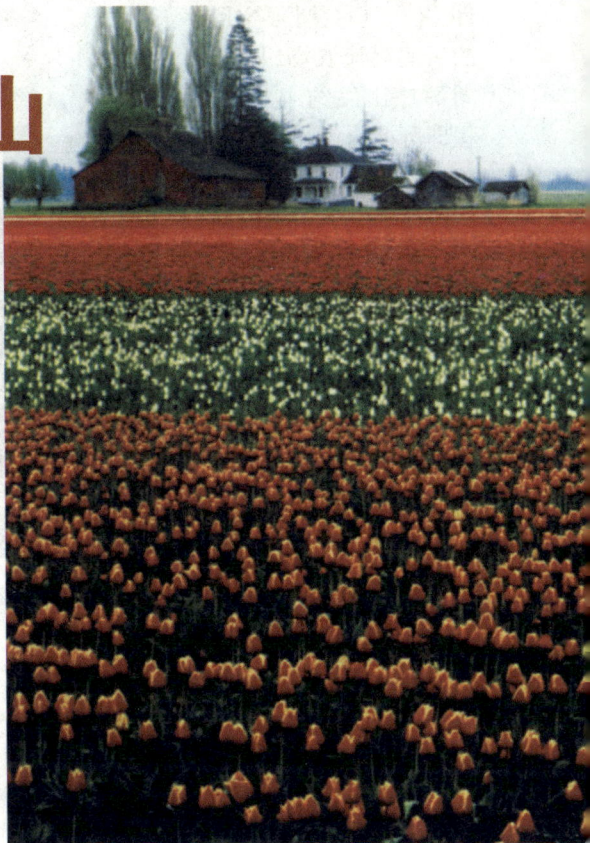

◆ 北喀斯喀特山下的山谷里种满了郁金香

公园概况

北喀斯喀特山国家公园分为四部分，包括南部荒原区、北部荒原区、切兰湖和罗斯湖国家休养区。南部荒原区位于海拔 2 660 米的埃尔多拉高地上，覆盖着大面积的冰川，经过风吹雨打的片麻岩突兀嵯峨，山间小路崎岖曲折，可以步行或骑马到此观光。北部荒原区潮湿阴冷，夏季多雨，冬季飞雪，群山常常隐没在迷蒙的云雾之中，充满了神奇的色彩。公园里湖泊遍布，是垂钓和泛舟的好地方。

切兰湖

切兰湖是北喀斯喀特山东南部的一处湖泊，位于西雅图及史坡堪市之间，是华盛顿州最大的湖泊。这里冬天雪季颇长，许多山头都覆盖着万年积雪。切兰湖同时具有高山和湖泊，因此成为许多水上活动的举办胜地，每年还有不少人前来登山。华盛顿州中部的切兰湖区域，和西部地区的多雨比较起来，通常有着极佳的艳阳天气。一路从西雅图过来，从凉爽到炎热，少阴雨多日晒，昼夜温差大，造就了这里栽种樱桃及葡萄的适宜条件。位于切兰湖河谷上游的斑鸠溪流农场，从切兰湖酒庄出发约半小时车程即可抵达。沿途环绕切兰湖美景、独栋木屋及自然庭园，让人赞叹连连。众多的休闲农场位于北喀斯喀特山脉附近，内部有用围篱围出的一块块草地的动物区、用餐区及礼品区。

拉森峰

在喀斯喀特山还有一处著名的活火山——拉森峰。拉森峰位于美国加利福尼亚州东北部，1914—1921年间曾陆续喷发过多次。1915年拉森火山爆发时，浓烟滚滚高达5千米，岩石飞迸，短短几秒钟便将附近的树木全部摧毁。如今，在熔岩和碎石覆

◆ 晴朗的天气里，北喀斯喀特山的倒影清晰可见

盖的地面上已经长出树木，火山口也已冷却，重新披上了白皑皑的积雪，但是火山深处仍有熔岩沸腾。在公园中有数处地壳裂口，不断有气体冒出。拉森峰景区是许多野生动物的禁猎地，这些动物包括松鼠、鹿、蜂鸟、猫头鹰和鹰等。景区内湖泊密布，湖泊均由冰河形成，有40余处，东部有被称为链形湖群的三大湖泊，西部有门桑尼塔湖，山清水秀，风光秀丽。景区内更有20多种树木，包括松、柏、冷杉、铁杉等。每当春夏两季，满园葱郁，花香袭人；入冬后，白雪初降，银装素裹，又别有一番美景。

◆ 北喀斯喀特山国家公园中的湖光山色

布莱斯峡谷

◆ 布莱斯峡谷中千千万万由风霜雪雨侵蚀雕刻而出的奇石异柱，像千万整装待发的将士在静默中等待出征的号令

布莱斯峡谷位于美国犹他州帕绍甘梯高原的东端，科罗拉多高原上。科罗拉多高原地貌极其特别，由西南向东北一层一层升高，被称为"大楼梯"。举世闻名的"大峡谷"就是这"大楼梯"第一级上的一道裂缝。而布莱斯峡谷国家公园则位于这"大楼梯"的最高一层，海拔 2 500~2 800 米。

美国的天然"兵马俑"

布莱斯峡谷是一系列巨大的天然露天剧场，众多露天剧场在公园内绵延超过 30 千米。其中最大的为布莱斯露天剧场，长 19 千米，宽 5 千米，深 240 米。位于其内的红色、橙色与白色的岩石组成了奇特的自然景观，因此其被誉为天然石俑的殿堂。同时，峡谷的内部有着因侵蚀而形成的众多精巧与色彩缤纷的尖柱形岩石，这样独特的地理结构被称为岩柱。岩柱高可达 600 米，遍布区内的各个角落，使

得通红似火的峡谷里怪石嶙峋，大大小小的尖塔看起来有如一尊尊变换无穷的人偶，走在其中，感觉好似永远出不去的迷宫。从美国布莱斯峡谷高原上望去，千千万万根石柱组成的石柱阵，气势磅礴，气派非凡。它令人想起中国西安的秦始皇陵墓兵马俑。兵马俑呈现的，是人类力量的伟大；布莱斯峡谷石柱阵所显现的，却是大自然的无比威力。

地貌成因

布莱斯峡谷是一个地质大断层。上百万年的地壳变动和大自然的气候变化造就了今天令人惊叹的地质地貌。布莱斯峡谷虽有峡谷一名，但其并非真正的峡谷，而是沿着庞沙冈特高原东面，受侵蚀而成的巨大自然露天剧场。其独特的地理结构被称为"岩柱"，由风、河流里的水与冰侵蚀和湖床的沉积岩组成。约 6 000 万年以前，布莱斯峡谷是温暖的内陆海，该地区淹没在水里，有一层由淤泥、沙砾和石灰组成的 600 米厚的沉积物。后来，地壳运动使地面抬升，水逐渐排去，庞大的岩床在上升过程中裂成块状，沉积物逐渐堆积在海床。之后水

◆ 通红似火的峡谷里怪石嶙峋，有些高约666.67米，大大小小的尖塔，看起来有如一尊尊变换无穷的人偶

成，并且被较硬、不易被侵蚀的岩石覆盖，以保护其下的圆柱。再经过长久的侵蚀风化，便形成了今日这种奇幻异彩的地貌。

完全消失了，岩层经风化后被刻蚀成奇形怪石。岩石所含的金属成分给一座座岩塔添上了奇异的色彩。垂直节理经由此次隆起产生，最终被先侵蚀。最易被侵蚀的粉红悬崖上的荒原上较易形成岩柱，而有较大抗蚀力的白岩悬崖则会形成独石柱，此外还形成了拱状岩石、天然石桥、墙壁与窗。岩柱则由软沉积岩组

◆ 布莱斯峡谷从远处望去，千千万万根石柱组成的石柱阵，气势磅礴，气派非凡。它令人想起中国西安的秦始皇陵墓兵马俑。兵马俑呈现的，是人类力量的伟大；布莱斯峡谷石柱阵所显现的，却是大自然的无比威力

非 洲

　　关于非洲的命名有许多传说，最普遍的说法是来源于它炎热的气候。北非的干旱与沙尘给欧洲人留下了深刻印象，于是拉丁文中的"阳光灼热之地"——阿非利加，就成了这片大陆的名字。

　　非洲位于亚洲西南面，欧洲的南面。非洲隔苏伊士运河和红海与亚洲为邻，隔地中海与欧洲相望，东临印度洋，西临大西洋，面积3 000多万平方千米，仅次于亚洲，是世界第二大洲。地形以高原为主，大部分属于热带。地势由东南向西北倾斜，大陆的东部和南部是平均海拔在1 000米以上的高原，中部和北部地势较低，海拔大部分在500米以下。北部非洲西起大西洋沿岸，东到红海之滨，面积770多万平方千米，有世界上面积最大的沙漠——撒哈拉沙漠。非洲是世界上唯一被赤道横贯中部的大陆，这种地理位置及相对单一的地形结构，使非洲呈现出南北对称的气候与自然带。

　　从茫茫大漠、蔓延的草原到苍翠的雨林，一目了然，清晰易辨，非洲为我们展现出一种开朗朴实的内蕴。而它所造就的奇妙的自然景观，仿佛也因浸染了这份气韵而格外地动人心弦。

骷髅海岸

骷髅海岸是指位于非洲纳米比亚的纳米布沙漠和大西洋冷水域之间的一片沙漠地区。从空中俯瞰，骷髅海岸是一大片褶痕斑驳的金色沙丘，从大西洋向东北延伸到内陆的沙砾平原。沙丘之间闪闪发光的蜃景从沙漠岩石间升起，围绕着这些蜃景的是不断流动的沙丘，在风中发出的隆隆的呼啸声。

死亡之域

骷髅海岸绵延在古老的纳米布沙漠和大西洋冷水域之间，长 500 千米，葡萄牙海员把它称为"地狱海岸"。这条海岸备受烈日煎熬，显得荒凉，却有着一种异样的美丽。在海岸沙丘的远处，7 亿年来因为风的作用，岩石被刻蚀得奇形怪状，犹如妖怪幽灵，从荒凉的地面显现出来。在海边，大浪猛烈地拍打着缓斜的沙滩，把数以百万计的小石子冲上岸边，带来了新的姿采。花岗岩、玄武岩、砂岩、玛瑙、光玉髓和石英的卵石被翻上滩头。

◆ 海岸边到处是各种残骸

[**73**]

这里海流和不规则的海床，造成了多起沉船事故。这里充满危险，有交错水流、令人毛骨悚然的雾海和深海里参差不齐的暗礁与长年的8级南风。南风从远处的海吹上岸来，纳米比亚布须曼族猎人称这种风为"苏乌帕瓦"，风吹来时，沙丘表面向下塌陷，沙粒彼此剧烈摩擦，发出咆哮之声。对遭遇海难后在阳光下暴晒的海员和那些在迷茫的沙暴中迷路的冒险家来说，海风犹如献给他们的灵魂挽歌。传说有许多失事船只的幸存者爬上了岸，庆幸自己还活着，孰料竟被风沙慢慢折磨至死。骷髅海岸外满布各种沉船残骸。

海岸生灵

令人望而却步的骷髅海岸其实并非毫无生息，在一片沉静的表面下，隐藏着种类繁多的动植物。定期从大西洋底涌来的水流带来了大量食物，滤食鱼类以此为生，而其又为大型远洋动物提供了美餐。海岸的河床下的地下水，也为各类植物的生长提供了条件，使海岸边形成一片"狭长的绿洲"。湿润的草地和灌木丛也吸引了纳米比亚的哺乳动物来此寻找食物。

南非海狗是这片海岸的主人，它们大部分时间生活在海上，但到了春季，它们要回到这里繁衍，漫长的海岸线就是它们爱的温床。

◆ 南非海狗是骷髅海岸的主人，它们大部分时间生活在海上，但到了春季，它们要回到这里繁衍，漫长的海岸线就是它们温暖的家

到了陆地上，海狗的动作可不像在海里那样敏捷、优美，它们把鳍状肢当作腿来使用，那笨拙而可爱的模样让人忍俊不禁。冰凉的水域里，居住着沙丁鱼和鲻鱼，这些鱼引来了大批的海鸟和数以万计的海豹。在这片荒凉的骷髅海岸外的岛屿和海湾，繁衍生存着躲避太阳的蟋蟀、甲虫和壁虎。长足甲虫尽量伸展又长又细的四肢，将身躯高高撑起，离开灼热的地面，享受相对凉爽的风。这些动植物以自己所特有的方式，共同顽强地生活在这片奇异的土地上。

◆ 海岸边的沙丘不断流动，其间夹杂着海风发生的隆隆声

乞力马扎罗山

乞力马扎罗山位于坦桑尼亚共和国东北部,临近肯尼亚。在斯瓦希里语中,意为"闪闪发光的山"。它是非洲的制高点,也是世界较高的火山之一,高5 963米,矗立在周围的草原之上,它那终年积雪的山顶在大草原上若隐若现。乞力马扎罗山被称为"非洲之王",又因其山顶终年冰雪覆盖,故又有"赤道雪峰"之称。

◆ 乞力马扎罗山由基博、马文济和希拉三个主要死火山组成,其中基博是中央火山锥

◆ 基博峰顶部的火山口岩层上覆盖着冰雪

古老的火山

乞力马扎罗山是一座休眠火山,它的形成与大裂谷带活动有关。在距今1 000多万年前,这里的地壳发生断裂,沿断裂线有强烈的火山活动,乞力马扎罗山便是由大量熔岩堆覆而成的。实际上,乞力马扎罗山原有3座火山,最古老的火山是希拉火山,它位于如今主山的西面,希拉火山曾经很高,但由于一次猛烈的喷发而坍塌,现在只留下高3 810米的高原。所以,乞力马扎罗山只留下了两大主峰:基博和马文济。其中,马文济火山附属于最高峰的东坡,海拔5 334米。基博火山高5 895米,是最大、最年轻的火山。两峰之间有一个十多千米长的马鞍形的山脊相连,远远望去,乞力马扎罗山是一座孤单耸立的高山,在辽阔的

◆ 乞力马扎罗山是非洲的制高点,矗立在周围的草原之上,它那终年积雪的山顶在大草原上若隐若现

东非大草原上拔地而起,高耸入云,气势磅礴。乞力马扎罗山在坦桑尼亚人的心中无比神圣,很多部族每年都要在山脚下举行传统的祭祀活动,拜山神,求平安。

美丽的雪山

乞力马扎罗山 5 000 米以上的山峰覆盖着永久冰川,最厚达 80 米,形成南纬赤道附近的雪峰奇观。峰顶经常云雾缭绕,好像罩上了一层面纱,给人以神秘莫测之感。而一旦云散雾开,覆满冰晶的山顶在赤道骄阳的照耀下,呈现出五彩缤纷、绚丽夺目的奇景。基博峰顶有一个直径 2 400 米、深 200 米的火山口,它的轮廓非常鲜明:缓缓上升的斜坡引向长长的、扁平的山顶,那是一个真正的巨型火山口—— 一个盆状的火山

峰顶。在酷热的日子里,从很远处望去,蓝色的山基赏心悦目,而白雪皑皑的山顶似乎在空中盘旋。火山口内四壁是晶莹无瑕的巨大冰层,底部凝结着巨大的冰柱,冰雪覆盖,从飞机上俯视,宛如巨大的玉盆。

乞力马扎罗山山麓的气温有时高达 59 ℃,而峰顶的气温又常在 -34 ℃,因而具有生长热、温、寒三带作物的不同气候条件。山上山下的景色也迥然不同:山麓是热带森林,藤蔓如巨蟒缠绕,苍苔像帘幕倒悬;山坡上覆盖着肥沃的火山灰,种植着香蕉、咖啡、甘蔗、剑麻,漫山盈谷,是一片莽莽苍苍的绿色海洋;随着高度上升,气温逐渐降低,雪线以上则是一个银色世界。这些奇特、壮丽的景色和如此巨大、鲜明的反差吸引了无数旅游者。

◆ 乞力马扎罗山的轮廓非常鲜明:缓缓上升的斜坡引向长长的、扁平的山顶,那是一个真正的巨型火山口——一个盆状的火山峰顶

东非大裂谷

从卫星照片上看去，埃塞俄比亚高原和东非高原之间有一条狭长的"刀疤"。它南起希雷河河口，向北越过红海至死海北部，跨越 50 多个纬度，总长 6 500 千米。它醒目地刻于地球的脸上。这就是著名的东非大裂谷。

◆ 是断涧，却又壮阔宽广；是深渊，同时又绵延不断。这就是被称为"地球上最大的伤疤"的东非大裂谷

大裂谷概况

东非大裂谷也称"东非大地堑"，包括一系列由块状断裂形成的裂谷和湖盆。其南起希雷河口，从马拉维湖北端起分两支：东支经坦桑尼亚中部的埃亚西湖、纳特龙湖等，连接肯尼亚北部的图尔卡纳湖，再纵穿埃塞俄比亚高原中部的阿巴亚湖、兹怀湖等，以迄红海北端，全长 5 000 余千米；西支经坦噶尼喀湖、基伍湖、爱德华湖、蒙博托湖直到艾伯特尼罗河谷，全长 1 700 千米。裂谷宽 30~70 千米，两侧陡崖壁立，高出谷底 1 000 多米。沿线有熔岩高原且多火山，如乞力马扎罗山、肯尼亚山、

[**77**]

埃尔贡山等,有的仍在活动,地震亦频繁。

形成原因

在1 000多万年前,地壳的断裂作用造成了这一巨大的陷落带。板块构造学说认为,这里是陆块分离的地方,即非洲东部正好处于地幔物质上升流动强烈的地带。在上升流作用下,东非地壳抬升形成高原,上升流向两侧相反方向的分散作用使地壳脆弱部分张裂、断陷而成为裂谷带。张裂的速度为每年2~4厘米,这一作用至今仍持续不断地进行着,裂谷带仍在不断地向两侧扩展着。由于这里是地壳运动活跃的地带,因而多火山与地震。

肯尼亚境内的大裂谷

在肯尼亚境内,裂谷的轮廓非常清晰,它纵贯南北,将这个国家劈为两半,恰好与横穿全国的赤道相交叉,因此肯尼亚获得了一个十分有趣的称号——"东非十字架"。裂谷两侧,断壁悬崖,山峦起伏,犹如高耸的两垛墙,首都内罗毕就座落在裂谷南端的东"墙"上方。登上悬崖,放眼望去,只见裂谷底部松柏叠翠、深不可测,那一座座死火山就像抛掷在沟壑中的弹丸,串串湖泊宛如闪闪发

光的宝石。

串珠状的湖泊群

东非大裂谷东西两支线上共有约30个湖泊断续分布,构成著名东非大湖群,如阿贝湖、沙拉湖、图尔卡纳湖、马加迪湖、马拉维湖、坦噶尼喀湖等。这些湖泊多狭长水深,顺裂谷带成串珠状,成为东

◆ 裂谷宽几十至200千米,深达1 000~2 000米,谷壁如刀削斧劈一般

非高原上的一大美景。这些裂谷带的湖泊,水色湛蓝,辽阔浩荡,千变万化,其中坦噶尼喀湖南北长670千米,东西宽40~80千米,是世界上最狭长的湖泊,平均水深达1 130米,仅次于北亚的贝加尔湖,为世界第二深湖。同时,湖区水量丰富,湖滨土地肥沃,植被茂盛,野生动物众多,大象、河马、非洲狮、犀牛、羚羊、狐狼、红鹤、秃鹫等都在这里栖息。坦桑尼亚、肯尼亚等国政府,已将这些地方开辟为野生动物园或者野生动物自然保护区。

维多利亚瀑布

赞比西河是非洲南部著名的国际河流，也是津巴布韦与赞比亚两国的界河。在靠近这段界河的西端、赞比亚河中游，横卧着一座气势磅礴、声若雷鸣、水雾云烟的大瀑布，这就是与北美洲的尼亚加拉瀑布、南美洲的伊瓜苏瀑布并列为世界三大瀑布的维多利亚瀑布。

◆ 维多利亚瀑布最西一段被称为魔鬼瀑布，以排山倒海之势，直落深谷，轰鸣声震耳欲聋

瀑布的形成

维多利亚瀑布形成的原因，是一条深邃的岩石断裂谷正好横切赞比西河。断裂谷由1.5亿年以前的地壳运动引起。瀑布只是一条壮观的河道的起点，水雾缭绕的河流在其通过一窄狭的峡谷途中立刻变得波涛汹涌。峡谷来回曲折72千米，这些急转弯是由岩石的断层引起的，几千年来，岩石一直受到水力的侵蚀。赞比西河逶迤穿过由一层层的砂岩和玄武岩构成的高原，而断层形成的地方正是这些不同岩石的连接点。

赞比西河造就的奇观

赞比亚北部的赞比西河，全长2 560千米，是非洲的第四大河，它在赞比亚境内的长度为1 520千米，流经四分之三的国土。从广袤的原野流到南部赞比亚与津巴布韦交界的区域，遇到许多大大小小的岛屿，河面像扇面一样逐渐展宽。到了乌兰巴（旧称利文斯敦）市附近，突然碰上了一个大断层，赞比西河在宽约180米的峭壁上骤然翻身，整个跌入约100米深的峡谷，万雷轰鸣，惊天动地，激起层层白色水雾，巨响和飞雾可远及15千

◆ 奔腾而下的瀑布直落谷底,无数水珠又直冲天空,洒落四周,形成瀑布雨

米以外的区域,是世间难见的奇景。据说,当赞比西河涨水而逢满月时,人们可以看到月光下的彩虹,这就是神奇的"月虹"。彩虹瀑布旁的一片洼地,在雨水丰沛的季节也可挂上水帘。最东段的就是东瀑布,独具魅力,从这里可观大瀑布如何形成。但由于其凶猛的气势常屈服于干旱的季节,故此它并未举世闻名,整个瀑布宽约 1 800 米,居世界之最。

庞大的瀑布群

维多利亚瀑布实际上是一个庞大的瀑布群,自西向东分为四段相对较小的瀑布,分别被称为魔鬼瀑布、主瀑布、彩虹瀑布和东瀑布。魔鬼瀑布约有 30 米宽,因其流水侵蚀严重,比其他段平均落差线低 10 米左右,故水势凶猛,水流湍急,汹涌翻腾,恰如魔鬼一般,即使在旱季也气势不减。与它毗邻的是主瀑布,水量巨大,如万马奔腾,它高约 93 米,十分宽阔,流量最大,有排山倒海之势,中间被礁石隔出一条裂缝。东边一段形如马蹄,有时也被单独称为马蹄瀑布。彩虹瀑布是整个瀑布中最高,也颇具神秘感的一段,最高处达 122 米,在这里除可欣赏巨帘似的大瀑布外,还经常可以看到出现在翠谷间的一条条五彩缤纷的彩虹。彩虹随瀑布此起彼伏,有时能凭借其广阔的活动空间形成多层的或几乎闭合成圆形的彩虹。

◆ 水量丰富的季节,水雾就像头上下了雨一样。景色让人赞叹不已

肯尼亚山

肯尼亚山，位于肯尼亚境内中部，是东非大裂谷国最大的死火山，非洲第二高峰，海拔 5 199 米。它穿越赤道线，平时烟雾缭绕，峰顶若隐若现，而在晴朗的日子里，在十几千米以外都可以看到屹立在远处的雪峰。由巨大冰河形成的山谷紧靠群山，呈现出一片瑰丽的景色。山顶终年积雪。其南面的尼安达鲁瓦山脉的茫茫林海间有野生动物园。

地质地貌

肯尼亚山北靠近赤道。山体由粗面玄武岩组成。火山口受强烈侵蚀和切割形成高耸的山峰，最高峰由堵塞前灿口的结晶状霞石正长岩构成，几个高峰呈放射状延伸，之间被 7 条河谷分开，在3 900 米处形成几个湖泊，辐射状水系多注入塔纳河。其中，巴蒂安山海拔 5 199 米，为非洲第二高峰，主要山峰还有涅利昂峰，海拔 5 188 米，莱纳纳峰，海拔 4 988 米。山顶终年积雪，有十多条小冰川延伸至海拔 4 300 米处，其中刘易斯冰川和廷德尔冰川为最大的两条。

山区物候

肯尼亚山有两个湿润季节。3~6月的湿润期较长。12月至次年 2 月为短暂的干燥季节。降雨量从北方到东南斜坡，由 900 毫米一直增大到 2 300 毫米。海拔 2 800~3 800 米处常年存在一条降雨

◆ 肯尼亚森林公园是一个野生动物的世外桃源，浓密的植被为无数的物种提供完美的掩盖。

云带。4 500 米以上的大部分地区降水为降雪。雨季峰顶经常白雪覆盖，在冰川上形成一米以上的积雪层。空气流动剧烈，整个夜晚直到清晨，风不停地从山上吹下来。从早上到下午，空气反方向上升。早上峰顶狂风大作，太阳升起后风速逐渐减小。

植被种类随海拔和降雨量的变化而变化。高山和次高山花卉丰富。降雨量为

【 81 】

◆ 栖息于肯尼亚山里的狮子

◆ 栖息于肯尼亚山里的犀牛

875~1 400 毫米，较干旱地区和海拔较低处，非洲圆柏和罗汉松生长占优势。西南和东北较湿润地区，柱子红树占优势。在海拔2 500~3 500 米处，分布大量的青篱竹林、罗汉松林。而海拔3000 米以上，由于气温低，树高降低，罗汉松林逐渐消失而金丝桃属树木茂盛。由于下层树木更加发达，因而树冠更加张开。青草茂盛的林间空地在山脊上很常见。海拔 3 400~3 800 米处的植被主要是禾本植物、羊茅及苔草类。高山区（3 800~4 500 米）地形变化较大，花卉种类更多，有巨大的莲叶植物及千里光、飞廉属植物。尽管 5 000 米以上的地区还可以发现维管植物，但从大约 4 500 米的高度起，连绵的植被消失了。肯尼亚山区还拥有大量的动物资源，如非洲象、黑犀牛、岛羚、黑胸麂羚、猎豹、岩狸、麂羚。森林鸟类包括鹰雕、长耳猫头鹰等。

肯山兰 肯尼亚山，山上生长着一种著名的兰花，这就是肯尼亚的国花——肯山兰。肯山兰的叶片又宽又厚，像一条条碧玉雕成的带子。娇小洁白的花朵由六片椭圆花瓣组成，花朵中心有一个娇媚的小红点，由几十朵小花组成一串长的花序，两侧排列着整齐的红心小白花，轻微地悠悠下垂，显示出肯山兰特有的魅力。肯尼亚人民非常热爱兰花，还专门成立了肯尼亚兰花会。

◆ 肯尼亚的国花——肯山兰

大洋洲

　　大洋洲，位于太平洋中部和中南部的赤道南北广大海域中。其狭义的范围是指东部的波利尼西亚、中部的密克罗尼西亚和西部的美拉尼西亚三大岛群。广义的范围是指除上述三大岛群外，还包括澳大利亚大陆、新西兰岛和新几内亚岛（伊里安岛）等。大洋洲陆地总面积约897万平方千米，是世界上最小的一个洲。

　　在大洋洲中，澳大利亚大陆约占大洋洲总面积的85%。这片大陆绝大部分处于热带和亚热带，纬度位置和特有的大陆形状导致地理环境突出体现出暖热、干旱的特性，其中半干旱区和干旱区占大陆总面积的2/3以上，这个比例甚至超过了非洲，与湿润的南美洲形成了鲜明的对比。

　　大洋洲虽是遥远的"南方的陆地"，却因其相对隔绝的地理环境和特殊的气候缔造出了一个个自然传奇。天然雕塑般的波浪岩、如海洋的花冠般的大堡礁、神秘幽静的乌卢鲁国家公园，无一不是大洋洲魅力的最有说服力的证明。

乌卢鲁国家公园

乌卢鲁国家公园在地理位置上临近澳大利亚的中部,东距艾利斯泉城 300 余千米。这里奇特的岩石组合使之闻名于世,在地质学家的眼里,它们代表了特殊的构造和侵蚀过程。乌卢鲁是一块独一无二的巨大的单独石块,而卡塔曲塔是在乌卢鲁西面的岩石圆顶屋,它们同样庄严和美丽。

◆ 乌卢鲁,是最早发现这些大陆的土著人起的名字,意思是"遮阴之处"。土著人视它为神圣不可侵犯的圣地,名字中透出一股膜拜之意

"乌卢鲁"的命名

乌卢鲁国家公园面积 1 325 平方千米,建于 1958 年,而这些巨石和岩山形成于 6 亿年前。走近澳大利亚北部的这片平原,可看到矗立着一块巨大的红色砂岩,十分壮观。澳大利亚土著阿波利基尼人称这块巨石为"乌卢鲁",意为"遮阴之处",这里是他们的神圣之地。底部有一些浅洞穴,洞内有雕刻和壁画。洞穴既神秘莫测,也是他们躲避白天日晒的安全场所。西方人称这块巨石为"艾尔斯",19 世纪 70 年代初,吉尔斯和戈斯两位探险家到此地探险,欧洲人首次亲眼见到艾尔斯石的风采,他们即以当时南澳总理艾尔斯爵士的名字为这块巨石命名。

艾尔斯巨石

艾尔斯巨石是目前世界上最大的巨石,成分为砾石,由风沙雕琢而成,呈椭圆形,长 3 600 米,宽约 2 000 米,高 348 米,高出周围荒漠平原 335 米,基围约 8 800 米。岩石光滑,形状有些像两端略圆的长面包。巨石整体呈红色,突兀地出现在广袤的沙漠上,硕大无比,雄伟壮观,如巨兽卧地,格外醒目。巨石没有来栖息的鸟兽,也不生寸草,圆滑光亮,但偶尔可以看到蜥蜴出没其中。艾尔斯石在阳光照耀下闪闪发光,随着阳光方向的变化而显出不同颜色,这是非常少见的自然景观:拂晓时它显出旭日的橙黄色;晨曦的暗影又使它显出赭红色;中

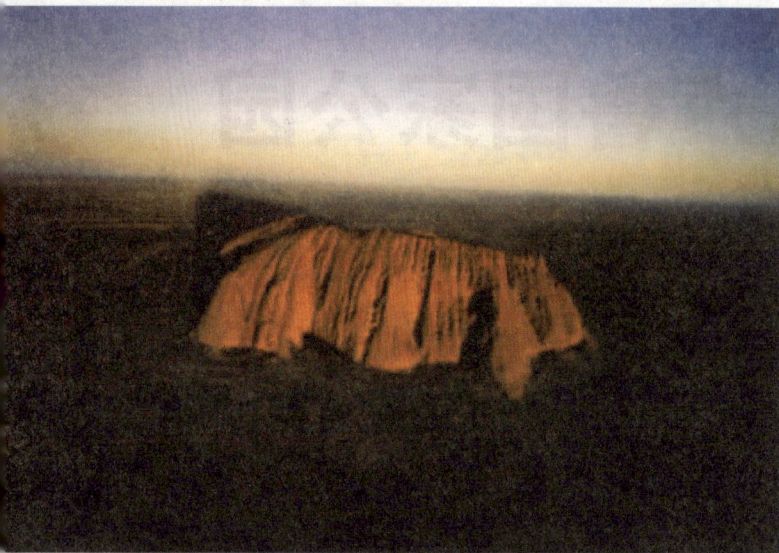

◆ 旭日初升，艾尔斯巨石一片火红，大自然的造化令人瞠目。

午时分是一片琥珀色；到夕阳西下变成一片非常壮丽的绯红色，就像正在熊熊燃烧的大煤块。这种奇特的现象是岩石中所含的铁在一定的空气湿度中发生氧化反应的结果。石上有许多因风化而形成的奇特洞穴和裂缝。在夕阳之下，南壁上的裂缝极像一个完整的人头盖骨。艾尔斯石是5亿年前地壳运动升起的砂岩。四周是一片沙丘，此石大部分埋于沙下，仅平坦顶部露于沙上。这种构造在地质学上被称作"岛山"。此石表面有许多平行槽沟，基部周长达10千米，有风化形成的奇形怪状的洞穴。在其东北面裂开一块高150米的薄岩块，依附岩壁之上，这一石柱被称为"袋

鼠尾巴"。土著人将其视为神的象征。

动植物资源

乌卢鲁国家公园里，有480种植物、70种爬行动物、40种哺乳动物。爬行动物中最著名的是巨蜥，它的体长可达2.5米，皮呈橄榄绿，装点着美丽的花纹。这个地区还有剧毒的褐眼镜王蛇和西部眼镜蛇，长皆可达1.8米，生活在沙丘间的青蛙、蜥蜴、袋鼹及跳鼠都是毒蛇很容易捕捉的猎物，也是澳大利亚野狗的猎物。红袋鼠有时也到这个地区来吃草，而胆小的岩袋鼠白天躲在岩洞里。大约有150种鸟在这里栖息，包括鸸鹋、楔尾雕和吸蜜鸟。

◆ 当地土著人贴切地将奥尔加岩山称为"多头山"。其上的沟槽是由几百万年来的雨水冲刷造成的，让人不禁赞叹大自然的鬼斧神工

大堡礁

大堡礁是世界上最大的珊瑚礁区，是世界七大自然景观之一，位于澳大利亚东北岸，是一处延绵 2 000 千米的地段。这里景色迷人、险峻莫测，水流异常复杂，生存着 400 余种不同类型的珊瑚礁。广阔的海域内，有 300 种以上的活珊瑚，再配上奇形怪状、色彩鲜明的大小鱼类，在海底点缀成巧夺天工的景致。

◆ 迷宫般的珊瑚礁中寄生着数千种海洋生物，包括鱼类、贝类和各种植物。各种珊瑚千姿百态，各展其貌，充满动感

世界最大的珊瑚礁群

大堡礁是世界上最大的珊瑚礁群，纵向断续绵延于澳大利亚东北岸外的大陆架上，与海岸隔着一条 13～240 千米宽的水道。它北起托雷海峡，南至弗雷泽岛附近，长 2 000 余千米。其宽度由北部的不足 2 千米，向南展宽至 150 千米，由大约 2 900 个大小岛礁组成，总面积达 20.7 万平方千米。大堡礁退潮时，约有 8 万千米的礁体露出水面，而涨潮时，大部分礁体被海水掩盖，只剩下 600 多个岛礁忽隐忽现。整座大堡礁就像一道天然的防波堤围住昆士兰外海，使得大堡礁与陆地之间的海面风平浪静，再加上星布其间的小岛，此区成为地球上最让人向往的海上乐园。

大堡礁的形成

大堡礁是世界上最大的礁岩体。营造如此庞大"工程"的"建筑师"，是直径只

◆ 这里景色迷人、险峻莫测,水流异常复杂,生存着 400 余种不同类型的珊瑚礁

有几毫米的腔肠动物珊瑚虫。珊瑚虫体态玲珑,色泽美丽,只能生活在全年水温保持在 22~28℃的水域,且水质必须洁净、透明度高。澳大利亚东北岸外大陆架海域正具备珊瑚虫繁衍生殖的理想条件。珊瑚虫以浮游生物为食,群体生活,能分泌出石灰质骨骼。老一代珊瑚虫死后留下遗骸,新一代继续发育繁衍,像树木抽枝发芽一样,向高处和两旁发展。如此日积月累,珊瑚虫分泌的石灰质骨骼,连同藻类、贝壳等海洋生物残骸胶结一起,堆积成一个个珊瑚礁体。珊瑚礁的建造过程十分缓慢,在最好的条件下,礁体每年不过增厚 3~4 厘米。有的礁岩厚度已达数百米,说明这些"建筑师"在此已经历了漫长的岁月。同时也说明,澳大利亚东北海岸地区在地质史上曾经历过沉陷过程,使追求阳光和食物的珊瑚不断向上增长。大堡礁有 350 多种珊瑚,形状、大小、颜色都各不相同,有些非常微小,有的可宽达 2 米。珊瑚千姿百态,有扇形、半球形、鞭形、鹿角形、树木和花朵状等。珊瑚栖息的水域颜色从白、青到蓝、靛,绚丽多彩;珊瑚也有淡粉红、深玫瑰红、鲜黄、蓝绿等颜色,异常鲜艳。

天然海洋生物博物馆

　　大堡礁也是一座巨大的天然海洋生物博物馆。礁上海水淹不到的地方,已有较厚的土层,椰树、棕榈挺拔遒劲,藤葛密织,郁郁葱葱,一派绚丽的热带风光。透过温暖清澈的海水,可看清 400 余种珊瑚所构成的密密丛丛的海底"森林",千姿百态,五彩缤纷。珊瑚丛中游弋着 1 500 种鱼和 4 000 种软体动物,这里也是儒艮和大绿龟等濒临绝灭动物的栖息之地。肥大的海参在蠕动,大红大黄的海星在爬动,奇形怪状的蝴蝶鱼、厚唇鱼穿梭如织,还有近 1 米的大龙虾、上百千克重的砗磲。这里也是鸟类的乐园,成群的海鸟如云遮空,更为大堡礁增添勃勃生机。

◆ 从空中俯瞰,大堡礁犹如舞动的美人鱼

波浪岩

◆ 在夕阳的照射下,线条颜色最鲜明的时候,波浪造型更加栩栩如生

波浪岩位于澳大利亚西部珀斯以东340千米处的海顿附近,这块单片岩经风沙长期的吹袭侵蚀,行成巨大波浪的形状,高15米,长约110米,耸立于天地间,岩石上有很多不同颜色的间条纹。每年有大批的欧美观光客慕名而来,为的就是一睹波浪岩奇特壮观的景象。

波浪岩特征

波浪岩长约110米,高15米。从远处看,如同平地上腾起一个个滔天巨浪,来势汹汹;近看,这原来是一块倒立的巨型怪岩,颜色艳丽夺目,而且其色调会随着阳光变化而变化,令人叹为观止。难怪有人说波浪岩不像岩石,更像是波浪。

波浪岩的构成

波浪岩由花岗岩构成,大约在25亿年前形成。大自然力量的洗礼将波浪岩表面刻画成凹陷的形状,加上风雨日积月累的冲刷和早晚剧烈的温差,渐渐侵蚀成波浪岩的形状。整个侵蚀进化的过程十分缓慢,但是呈现在我们眼前的景观是如此的壮观。

岩石周围的土壤被冲刷掉,风随之改变着岩石的外

◆ 雨水将矿物质和化学物沿岩面冲刷下来,留下一条条红褐色、黑色、黄色和灰色的条纹

形，风挟沙粒和尘土的吹蚀把较下层的外表挖去，留下蜷曲状的顶部。雨水将矿物质和化学物沿岩面冲刷下来，留下一条条红褐色、黑色、黄色和灰色的条纹。黑色在早晨的阳光下显得特别亮。波浪岩表面的线条是由于含有碳氢等元素的雨水在冲刷时，带走表面的化学物质，同时发生化学作用而产生的。这些深浅不同的线条使波浪岩看起来更加生动，就像滚滚而来的海浪。在偏西的阳光照射下，在线条颜色最鲜明的时候，波浪造型更加栩栩如生。

马口和驼峰岩

波浪岩附近另有一块美丽的岩石，被形象地称为"马口"。它是一座空心岩，外形像河马的嘴。马口向北几千米处还有一组奇形的岩石，名叫"驼峰岩"。造访这里的蝙蝠山洞，还可以欣赏到澳洲原住居民的许多古代壁画遗迹，其中有许多似鸟似兽的形象，它们代表了澳洲原住居民传说里的守护神。此处充满着造物的神奇，吸引着无数游客慕名前来探究大自然的奇妙造化。

◆ 每年有大批的观光客慕名而来，为的就是一睹波浪岩独特壮观的神奇景象

尖峰石阵

尖峰石阵位于西澳大利亚州柏斯北面 260 千米处,是南邦国家公园的一部分。这个在沙漠中的奇异活化石原始森林,是由数以千计的奇形怪状的石柱遍布在沙漠中形成的独特奇观。在平坦的沙丘中,四处矗立着石灰岩尖塔式的石笋,最高的有 0.4 米,小的只有手指头那样大,犹如古战场的布阵,因而被誉为"尖峰石阵"。

◆ 位于寂静辽阔的大海、沙漠与草原之间的尖峰石阵,雄浑中夹着一丝诡异,寂静中蕴藏着一种力量

◆ 尖峰石阵的石灰岩石由蚬壳组成。这些蚬壳与沙粒混合后,被风吹到内陆,形成圆顶的石块,再经长年累月的侵蚀,构成较坚硬的石灰岩石柱,犹如古战场的布阵

沙漠中的"废都"

尖峰石阵位于珀斯北方 260 千米处,为南邦国家公园的一部分。这里有一片横跨沙漠的奇异活化石原始森林,再加上数以千计的石灰岩柱,蔚为奇观。当年荷兰探险者望到这片石阵的时候,居然以为发现了一座远古时代的沙漠城市的废墟。在平坦的沙漠中,穿梭于一个又一个的石灰岩柱之中,看到的是奇幻且独一

◆ 黄沙、石灰岩柱、稀疏的植被，构成了绝美的画卷。

尖峰石阵的石灰岩石由蚬壳组成。石灰石是由海洋中的贝壳演变而成的。雨水将沙中的石灰质冲到沙丘底层，而留下石英质的沙子，滋生腐殖土，长出植物，植物的根在土中造成裂缝，慢慢被石英填满裂缝后石化，使这些蚬壳与沙砾混合，然后在风化作用之下，露出沙地地表，形成圆顶的石块，再经长年累月的侵蚀，构成较坚硬的石灰岩石柱，犹如古战场的布阵。

无二的地质景观，其造型迥异，有的神似骆驼、海豚……，蔚为奇观。这里黄沙遍野，景色荒凉，故有"荒野的墓碑"之称。

尖峰石阵最美的风景是在夕阳西下时，当最后的阳光斜射在这由数千"成员"构成的巨大石阵上，仿佛给它镀上了一层炫目的金色。如果你望向另一个方向，则是另一幅壮阔景象：一轮红日缓缓地落入浩淼的海平面。

◆ 美丽而神秘的石灰岩柱

石阵成因

实际上这些尖塔式岩石景观是一种地质变化的自然现象。在太古时代，尖峰石阵地区曾是有着森林的海边。从海边吹来的沙让沙地形成，在原始森林渐渐枯萎、大地被日夜不停的海风风化后，沙沉下去，残存在根须间的石灰岩就像塔一样遗留了下来。

南邦国家公园 南邦国家公园位于天鹅海岸平原，距离珀斯约250千米。公园内沙丘地形分为三种：第一种是白色石灰质沙地，离海边较近；第二种是含石英质的黄色沙地，较近内地；第三种是含硅土的沙地，在公园东部。平纳克斯的沙漠石阵属于第二种地形。

汤加里罗国家公园

汤加里罗国家公园位于新西兰北岛中央的罗托鲁瓦——陶波地热区南端，面积约 765.4 平方千米。公园里有活火山、死活山和不同层次的生态系统及非常美丽的风景。

公园概况

汤加里罗国家公园里呈现着一片火山园林风光，由火山灰铺成的银灰色大道蜿蜒在山间，峰顶白雪皑皑，十分壮观。苍翠的天然森林环抱着层峦叠嶂的群山和绿草茵茵、繁花似锦的草原，那绿

◆ 汤加里罗国家公园是新西兰最著名的火山公园，有 15 座近代活动过或正在活动的火山口，呈线状排列，向东北延伸

◆ 火山口积水形成的宝石绿水塘

波荡漾的湖泊，犹如中国杭州的西湖，湖中有岛，岛上有湖，加上人工点缀，婀娜多姿。然而，西湖是一个平地上典型的残迹湖，而汤加里罗国家公园的湖泊却是云雾缭绕的高山火山口湖。

三座火山

汤加里罗国家公园是一个独具特色的火山公园，公园里有 15 个火山口，其中包括 3 个著名的活火山：汤加里罗灿、奈乌鲁赫灿和鲁阿佩胡火山。这里层峦叠嶂的群山和火山活动的奇景，吸引着世界各地的游客。三座火山中最壮观的是奈乌鲁赫火山，它呈圆锥形，山坡陡峭，顶部是直径 400 米的火山口，是十分

典型的圆锥形火山。奈乌鲁赫火山烟雾腾腾，常年不息。自19世纪30年代以来，它一直处于活跃状态。奈乌鲁赫火山的喷发多姿多彩，有时喷出的熔岩顺山坡流淌，改变了火山的形状。爆发也使火山口本身的形状不断变化，在主火山口内重新生成次生火山锥。鲁阿佩胡山海拔约2800米，是北岛的最高点，公园内设有架空滑车，可接近山顶。从山顶远眺，可看见方圆百里内的绚丽风光。汤加里罗火山海拔约1980米，峰顶宽广，包括北口、南口、中口、西口、红口等一系列火山口。这里原来归毛利族部落所有，毛利人视汤加里罗火山为圣地。相传，"阿拉瓦"号独木舟首领恩加图鲁伊兰吉曾率领毛利人移居这里，在攀登顶峰时遭遇风暴，生命垂危，他向神求救，神把滚滚热流送到山顶，使他复苏，热流经过之地就成了热田，这股风暴名叫汤加里罗，此山因此而得名。

地热资源

汤加里罗公园地热资源丰富，沸泉、间歇泉、喷气孔、沸泥塘等遍地可见。这里的沸泥塘也是一大奇观，泥塘中黄色的泥浆沸跳，就像熬稠的米粥。公园中共有15个火山口，火山活动的奇景千姿百态、各不相同，每游一处，都有耳目一新之感。远眺沸泉，只见热气蒸腾，烟笼雾绕。走近时，可见沸流高喷，呼呼作响，水柱在灿烂的阳光下闪烁着奇光异彩，游人仿佛置身仙山琼阁之中。冬

天，游人也可以跳入热泉天然游泳池中畅游，并且会有一种沁人肺腑的舒适之感。

汤加里罗公园里，地上喷气孔密布，可以用几根木条，架成"地热蒸笼"，进行野餐，生马铃薯甚至生牛羊肉，都可以蒸熟。

◆ 鲁阿佩胡火山是北岛的最高点，海拔2796米，山顶上终年积雪皑皑，是著名的滑雪胜地，是一座只有75万年的"年轻"的活火山

◆ 毛利人的小木屋

威兰德拉湖区

威兰德拉湖区位于澳大利亚新南威尔士西南部的墨累河盆地，被巴尔拉纳德郡和文特沃斯郡从西南向东北方向对角分开，中心地区海拔 70 米。这个地区可以发现更新世以来一系列湖泊和沙滩遗留下来的化石，并且能够看到 4 万年以前人类在这里居住的痕迹。

湖区概况

威兰德拉湖区归属新南威尔士州政府管辖。原来只有小部分地区得到法律保护，即 1979 年公布的蒙戈国家公园，那是根据 1974 年的新南威尔士国家公园和野生动物法确定的。1986 年 3 月 27 日的 51 号政府公报宣布了国家公园的规模，从 130 平方千米增加到现在的 278.47 平方千米。

地质地貌

威兰德拉湖区由一系列干湖组成，形成于第三纪早期，墨累河盆地的海侵造成石灰沙、石灰石和泥灰的沉积。第四纪又被沙石和沙丘地带覆盖。这个地区以长条沙丘为特征，沙丘从西向东的方向反映出风的走向，尽管沙丘被植物稳定，但在 1.8 万年前到 1.6 万年前，沙丘又恢复活动，随后又被移植生长的植物

◆ 威兰德拉湖区由一系列干湖组成，形成于第三纪早期

再次稳定。

威兰德拉湖区共有 5 个 200 万年前形成的相互交错的大湖盆和 14 个小湖盆，占地 1 000 平方千米。这里的沉淀物为研究 10 亿年前气候的变化和人类的活动提供了翔实的资料。威兰德拉湖区以前湖水很深，水量充足，但是现在已经干涸了，并且土壤中盐分的含量也在逐年增多，事实上 10 万年前它们便干涸了。古代湖岸的土壤中有三层沉淀物，代表着地球演变的三个阶段。在远古时代，

湖盆中充足的水源吸引了很多动物到岸边生活,而碱性的土壤完好地保存了它们的遗骸,现在人们已经认证了55种动物,其中包括巨型有袋动物和巨型树袋熊。

威兰德拉比拉邦河

知名的威兰德拉比拉邦河,即拉克伦河的支流,注入互相联系的湖区流域。流域由6个主要的湖和一些较小的洼地组成,从小池塘到占地500平方千米、深10米的加纳朋湖,大小不一。湖区东侧新月形沙丘的形成可追溯到至少4万年以前到约1.5万年以前,包括1.8万年前到1.6万年前沙丘形成的集中活跃时期。

动植物资源

由于这里属于雨量少的半干旱气候,这里的植被由半干旱植物群落组成,

◆ 威兰德拉湖区的植物

包括稀疏分散的灌木丛、草地和林地零星点缀着沙原和沙丘。主要的树木是桉树和灌木,还有白柏松和树下长的箭猪草。约有20种哺乳动物生活在这里,包括红袋鼠、灰袋鼠、针鼹鼠和数种蝙蝠。

人类的遗迹

威兰德拉湖区人类的活动并不仅仅局限于远古时代,研究资料表明,人类在此居住了相当长的时间,并且留下了世界上近代人类活动的最早遗迹。人们在这里发现了2.6万年前的火葬遗址(世界上最早的火葬遗址),3万年前的墓地和1.8万年前的磨石与灰泥。

◆ 高原上的大多数晚白垩纪岩石被冲刷掉后,裸露出下伏的抗风化能力较强的层状石英砂岩,因而形成现在的崎岖不平的地貌

◆ 湖区地貌

峡湾国家公园

◆ 清晨的特阿瑙湖与远方的山脉相映成趣

  峡湾国家公园是新西兰最大的国家公园，占地面积 8 000 平方千米，位于南岛的西南角，最引人注目的自然景观是由冰川运动产生的峡谷。公园内呈现出一派被冰川多次作用雕磨而成的景观：湖泊、瀑布、U 形峡谷和茂密的森林。

公园概况

  峡湾国家公园位于新西兰南岛的西南端，濒临塔斯曼海。园内峡湾众多，海岸曲折，高山峻岭，断崖绝壁，河川纵横，湖泊棋布，岩洞奇观，瀑布倒挂，峡外惊涛骇浪，峡内风平浪静，其既是新西兰最大的国家公园，也是著名的旅游胜地。峡湾内众多的瀑布从高岩或陡坡上飞流直下，其

中萨瑟兰瀑布落差达 580 米，极为壮观。公园内 2/3 地区森林密布，其中有 25 种稀有的、濒临绝迹的植物及多种园内特有植物，有些树的树龄在 800 年以上。

◆ 峡湾国家公园中的美景

最美的湖泊

峡湾国家公园内有南岛最深的马纳波里湖和最大的特阿瑙湖。马纳波里湖，毛利语为"伤心湖"，长约 29 千米，面积约 190 平方千米，最深处达 443 米。3 个狭长的湖湾伸向南、北、西三个方向，形状如驰骋的马驹。湖内有许多小岛，较大的岛屿约有 30 个。湖的周围群山环拥，碧波闪闪，岛屿隐现，被誉为"新西兰最美之湖"。特阿瑙湖，面积约 400 平方千米，长约 61 千米，最宽处仅不足 10 千米，湖体狭长，西部 3 个狭长湖峡直插山间，形如低头吃草的长颈鹿。湖西岸山深林密，有上千个寻幽探密之处，是狩猎

◆ 米佛峡湾的迈特峰是新西兰最著名的陆标

◆ 鲍恩瀑布高达 15 米，只有依靠皮划艇才能近距离观赏

胜地。湖滨有岩洞，洞里有地下河和两个地下瀑布及萤光虫奇观。

米佛峡湾

米佛峡湾号称"世界八大奇景"，是峡湾国家公园中最重要的景点。米佛峡湾山体被垂直冰川侵蚀 1 000 米，无论在船上仰望冰川断崖，还是空中俯瞰险峻陡峭的米特峰，都是终生难忘的经历。在米佛峡湾可体验到国家公园大自然之美：深邃的 U 型峡谷，冰河切割出的山体和沟谷，壮观的瀑布和难得一见的原始森林及众多的鸟类。米佛峡湾最吸引人的是险峻陡峭的山群及冰河遗迹与海水切割而成的峡湾景观。深入体验米佛峡湾魅力的最好方式是健行，米佛步道是体验峡湾国家公园之美的首选，有"全世界最好健行路线"的美称。

卡卡杜国家公园

卡卡杜国家公园,位于澳大利亚北部热带地区,在澳大利亚北部海港城市达尔文以东 250 千米处,占地约 2 万平方千米。公园内具有独特的植被群和动物群,独具特色的湿地资源及当地土著居民部落的文化遗产。在公园中尚有许多未曾被发现的森林,由于没有受到现代社会的影响,没有引进物种,因此它们仍保存着罕见的原始澳大利亚生态系统。

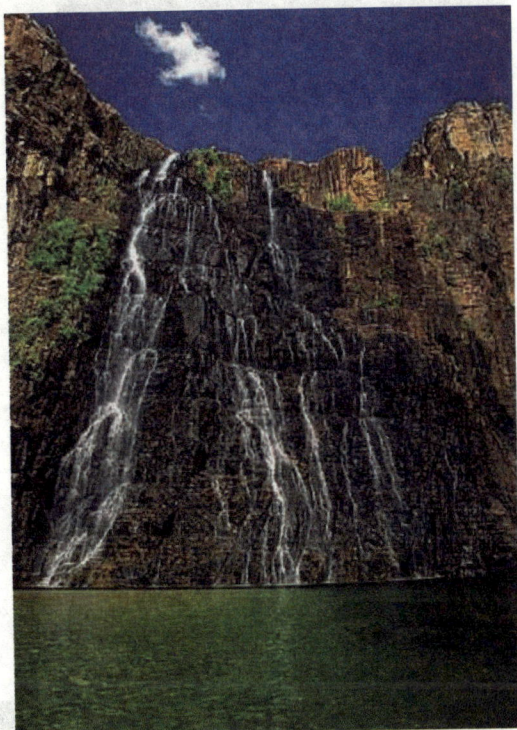

◆ 阿纳姆高原西缘有引人入胜的悬崖峭壁、飞流直下的瀑布、幽深诡秘的洞穴

地形地貌

卡卡杜国家公园相对稳定的构造是这里自然景观形成的重要原因,这里既有古老的的特征,又有现代的活动地貌。这里最古老的岩石年龄超过 2 000 万年。绝大部分的土地经历了严重的风化、淋滤。阿纳姆高原西缘有引人入胜的悬崖峭壁、飞流直下的瀑布、幽深诡秘的洞穴。悬崖绝壁绵延 500 多千米,高度在 30~330 米。具有较强抗风化能力的石英砂岩覆盖于抗风化能力较弱的岩石上,下伏岩石由于侵蚀作用而变得软弱,上覆砂岩被破坏,最终垮塌。这就形成了许多陡壁和洞穴,这些岩石上和洞穴里有着许多当地土著居民绘制的岩画。这种错综复杂的岩石垮塌形成了无数的小生境,因而高原生物群的生态类型复杂多样,含有许多与众不同的物种组合,其中一些是冰川时期的孑遗分子。悬崖地区的水生生境在旱季是淡水鱼类的重要避难所,但其分布范围极为有限。高原上的

◆ 公园内植物类型丰富，超过 1600 种，这里是澳大利亚北部季风气候区植物多样性最高的地区。

大多数晚白垩纪岩石被冲刷掉后，裸露出下伏的抗风化能力较强的层状石英砂岩，因而形成现在崎岖不平的地貌。高原的大部分地区缺乏土壤，地表是裸露的道路和砂岩。高原的顶部有土壤，局部地区土壤厚度达到 1.5 米。然而，在高原的峡谷中分布着许多零星的土地，正是这些土地为雨林和古老的孑遗物种提供了生活空间。山丘和盆地大部分在公园的南部，这些山丘形成现代的侵蚀面，活动断层造成的构造三角面、构造斜面都分布在这些山坡上。这些构造面之间有一些距离不等的冲积扇。一系列平缓起伏的低地平原，分布于达尔文盆地和阿纳姆地区之间。沿岸河流平原地带是河流和潮汐共同控制的地带，它们造就了现今的地表形态。这里的热带季风气候分为显著的雨季和旱季，气候是决定这里的水文地理特征、植被、土地形式的主要因素。

缤纷的植物

公园内植物类型丰富，超过 1 600 种，这里是澳大利亚北部季风气候区植

物多样性最高的地区。尤其特殊的是阿纳姆西部砂岩地带的植物，这里有许多地方性属种。最近的研究表明，公园内大约有 58 种植物具有重要的保护价值。植被可以大致划分成 13 个门类，其中 7 个以桉树的独特属种占优势为特征。这里有澳大利亚特有的大叶樱、柠檬桉、南洋杉等树木，还有大片的棕榈林、松树林、橘红的蝴蝶花树等。

◆ 公园内的许多洞穴里有着不同风格的大量绘画

弗雷泽岛

弗雷泽岛被称作世界上最艳丽的沙岛,位于澳大利亚昆士兰州东南海面上,是数百万年前大陆南方的山脉受风雨侵蚀而形成的。现在,全岛均是金黄色的沙滩和沙丘,有些地方耸立着红色、黄色和棕色的砂石悬崖。这里是鸟的天堂。

◆ 弗雷泽岛海岸

弗雷泽岛的形成

几千年以来,海平面变化造成的砂石沉积造就了弗雷泽岛,并且在继续塑造着这个岛屿。这个岛屿上的砂石为沙丘的老化进程提供了一个良好的记录,并且是一个地质学与生物学共同作用的良好例证。弗雷泽岛是数百万年前大陆南方的山脉受风雨侵蚀开始形成的。风把细岩屑刮到海洋中,又被洋流带向北面,慢慢沉积在海底。冰河时期海面下降,沉积的岩屑露出海面,被风吹成大沙丘。后来海面回升,洋流又带来了更多的沙子。冰河时期后,植物的种子被风和鸟雀带到岛上,开始在沙堆上生长。植物死后形成一层腐植质,使较大的植物可以扎根生长,固定了沙丘。

沙岛概况

弗雷泽岛绵延于澳大利亚东海岸,总长 122 千米,是世界上最大的沙岛。高大的热带雨林的雄伟残迹就矗立于沙土之上。从海滩往岛内延伸,可看到世界上一半数量的淡水沙丘湖、彩色的砂石悬崖、生长在沙地上的雨林植物、清澈见底的海湾、绵延的白色海滩和能移动的沙丘,它们一同构成了这个岛屿独一无二的景观,使得弗雷泽岛成了一个美丽的天堂。

弗雷泽岛上至少有 40 个湖泊,其中

包含了世界上一半的静止沙丘湖泊。尽管岛是沙构成的,但不太容易渗水。在岛的下面,沙子和腐植质及矿物质黏结在一起,形成不漏水的凹盆,把雨水蓄了起来。布曼津湖,这个世界上最大的静止湖泊是弗雷泽岛最美丽的地方。昆士兰海岸外有一座沙岛,形状就像一只破烂的长统靴。岛的四周是金黄色的沙滩和沙丘。岛长 122 千米,有些地方耸立着红色、黄色和棕色的砂石悬崖,以及被风浪冲刷成锥形和塔形的岩柱。

岛屿动植物

弗雷泽岛上生长的植被种类之多令

人称奇,从低矮的苔藓类植物到高大的雨林植物在这个岛上都有生长。自然而然,这些雨林和林地为很多动物提供了家园。超过 300 种原生脊椎动物,主要是鸟类,生活在这个岛上,如鹈鹕、海雕和短尾鹦鹉等都可在岛上见到。弗雷泽岛的高潮与低潮之间有大片的浅滩,这些浅滩为过往的迁徙水鸟提供了最好的中途栖息地。岛上的哺乳动物数量很少,但是这里却是澳洲野狗在澳大利亚东部的唯一栖息地。这里的一些动物很少有天敌。地鹦鹉和大地穴蟑螂、酸蛙适合生长在弗雷泽岛上的酸性湖泊和沼泽里。

◆ 弗雷泽岛东北海岸的沙地上生长着一棵多瘤的板克西树

南极洲

　　南极洲位于地球的南端,由大陆、陆缘冰、岛屿组成,面积约为 1 425 万平方千米。南极洲又称第七大陆,位于地球最南端,与其他大陆隔海相望,是地球上最偏远、最寒冷、自然景观最壮丽的大陆。整个南极大陆被一个巨大的冰盖覆盖,平均海拔为 2 350 米。南极大陆是世界上最寒冷、暴风雪最频繁、风力最强的地区。寒冷的气候条件使这里呈现一片万里冰封的银色画面。

　　南极洲长年被冰雪层层覆盖,气候严寒。可正是如此,它的神秘和深邃,令无数人对其充满了好奇与向往。

埃里伯斯火山

东南极洲是一块很古老的大陆,已有几亿年的历史。平均海拔高度 2 500 米,最大高度 4 800 米。东南极洲有南极大陆最大的活火山,即位于罗斯岛上的埃里伯斯火山。

发现与命名

1841 年 1 月,英国探险家詹姆斯·克拉克·罗斯率领一支探险队,乘"埃里伯斯"号考察船到南极探险。他们在南极圈以南的一个岛上发现了一座火山,便把岛屿命名为"罗斯岛",把火山叫作"埃里伯斯火山"。

冰封之地的火山

埃里伯斯火山是一座奇特的火山。它处在南纬 77° 35′、东经 167° 10′的冰雪之乡,是地球最南端的火山。火山的海拔 3 743 米,基座直径约 30 千米,山体和日本的富士山相似。主火山口呈椭圆形,直径五六百米,深约 100 米,四壁很陡,里面有一个形成多年的熔岩湖。在主火山口西南侧,有个钵状的侧火山口。因火山地热,所以这里并无冰雪,躺在地上可享受到砂浴的乐趣。火山南侧的火口边缘,有个喷气孔徐徐喷出蒸气。在南极严寒的条件下,蒸气凝结成高达数米的冰塔,冰塔又被继续喷出来的蒸气穿

◆ 南极冰山

[105]

◆ 埃里伯斯火山

透成一个个冰洞。蒸气沿着冰洞上升，在冰洞中凝成了一簇簇美丽的冰花，构成了一个美丽的晶莹透明的冰雪世界。

火山地质

经过科学的探测与分析，冰雪覆盖下的南极洲不是海或者岛屿，而是一个古老的大陆。冰盖下的基岩面积约 1 248 万平方千米，远小于冰雪覆盖着的南极洲。从地质构造上看，中南极洲为断裂陷落地堑带，位于年轻褶皱带与古陆台之间，宽 800 千米，长 3 200 千米，是一个不对称的地堑。靠东南极洲一边坡度陡峭、高峻拔起，是一系列横贯南极洲的、由断层山脉组成的地垒式山地。下降部分的地壳不稳定，埃里伯斯火山和罗斯海湾便在此处形成。

南极"绿洲" 南极大陆几乎所有的区域都被厚厚的冰雪覆盖着，即使在短暂的夏季，也只有 5 % 的基岩能够露出。南极考察人员长年累月生活、工作在冰天雪地的白色世界里，单一乏味的环境使他们非常向往五彩世界。当他们发现南极洲没有被冰雪覆盖的地方时，就会倍感亲切，将这些地方称为"绿洲"。从科学的角度解释"绿洲"的成因，科学工作者还没有一致的看法。其中大多数人认同的观点是："绿洲"的位置都在火山活动区，与火山有关，是动植物的主要生息之地。如目前已经发现的"麦史默多绿洲"就在埃里伯斯火山附近。因此，火山喷发及伴生的地热活动是形成"绿洲"的重要原因。埃里伯斯火山就是"绿洲"上的一处火山。